黑龙江省用水权分配及管控关键技术研究与应用

高士军　李铁男　董鹤　曾雪婷　著

U0291373

中国水利水电出版社

www.waterpub.com.cn

·北京·

内 容 提 要

本书主要从标准、制度、措施三个方面入手，对黑龙江省用水权分配及管控关键技术进行分析研究。首先在标准部分，从区域和取用水两个层面，分别提出了基于区域总量指标内的"以水定需"和准入管控下的"按额定供"的水资源刚性约束判断标准，促进初始水权配置效率提升。在制度部分，以国家着力推进的"合理分水、管住用水"为基础，进一步从"控制总量、盘活存量""有偿取得、有偿使用""结构管制、用途调整"等方面，构建发挥水资源刚性约束机制作用的"制度束"，提高水权分配和交易的公平性、效率性和可接受性。在措施部分，从区域产业发展、第三方影响调整、工程数字模型构建等方面，分析研究重塑区域经济产业结构及资源环境战略，建立适合区域可持续发展的水权扭转价格定价机制，为实现终端用水精细化管理，解决用水管理"最后一公里"问题提供理论基础和技术参考。

本书可供水文水资源及相关专业高等院校师生参考，也可供相关领域的研究人员参考使用，还可作为各级水行政主管部门人员日常工作的指导书。

图书在版编目（CIP）数据

黑龙江省用水权分配及管控关键技术研究与应用 / 高士军等著. -- 北京：中国水利水电出版社，2022.2
ISBN 978-7-5226-0501-2

Ⅰ. ①黑… Ⅱ. ①高… Ⅲ. ①水资源管理－研究－黑龙江省 Ⅳ. ①TV213.4

中国版本图书馆CIP数据核字（2022）第032557号

书　　名	黑龙江省用水权分配及管控关键技术研究与应用 HEILONGJIANG SHENG YONGSHUIQUAN FENPEI JI GUANKONG GUANJIAN JISHU YANJIU YU YINGYONG
作　　者	高士军　李铁男　董鹤　曾雪婷　著
出版发行	中国水利水电出版社 （北京市海淀区玉渊潭南路 1 号 D 座　100038） 网址：www.waterpub.com.cn E-mail：sales@mwr.gov.cn 电话：（010）68545888（营销中心）
经　　售	北京科水图书销售有限公司 电话：（010）68545874、63202643 全国各地新华书店和相关出版物销售网点
排　　版	中国水利水电出版社微机排版中心
印　　刷	天津嘉恒印务有限公司
规　　格	170mm×240mm　16 开本　9.5 印张　181 千字
版　　次	2022 年 2 月第 1 版　2022 年 2 月第 1 次印刷
定　　价	**58.00 元**

　　水资源作为一种公共自然资源，由于其权属制度不明晰，利用效率低下，污染和浪费现象严重，水环境形势严峻。水权改革作为水资源优化配置和可持续利用的有效途径，必要性和紧迫性日益凸显。正确发挥政府作用和市场作用，改变水资源使用权依赖行政配置单一方式，建立水权制度，明晰水权归属，培育交易市场，开展水权交易，促进生产方式转变和用水效率提高，是深化水资源改革的有力举措，是健全自然资源资产产权制度的必然要求，对实施最严格水资源管理制度和发挥水资源刚性约束作用具有重要意义。

　　为全面落实中央决策部署，黑龙江省委、省政府高度重视水权改革和水资源刚性约束作用发挥，明确提出黑龙江省水权试点工作的任务目标，并构建了推进水权试点的工作机制。《中共黑龙江省委关于制定黑龙江省国民经济和社会发展第十三个五年规划的建议》《黑龙江省人民政府办公厅关于推进农业水价综合改革的实施意见》等也分别对落实用水权初始分配制度和建立农业水权制度等提出明确要求：一是把水权工作纳入黑龙江省全面深化改革重要内容，作为生态文明体制改革和深化水利改革的关键环节来抓，相关改革文件均对水权工作提出明确要求；二是把水权工作列为黑龙江省创新政府配置资源方式的主要任务，作为黑龙江省自然资源资产产权确权的重要抓手；三是把水权工作纳入黑龙江省全民所有自然资源资产有偿使用制度改革内容，鼓励通过依法规范设立的水权交易平台开展水权交易。

　　在上述背景下，作者围绕黑龙江省水权改革和水资源刚性约束技术与应用开展了一系列研究。立足物权理论和自然资源资产产权改革要求，构建符合我国国情水情的水权权利体系和水权水市场建设框架体系，构建水资源刚性约束的判断标准，健全水资源刚性约束的制度体系和落地措施。基于区域产业发展方向，实行最严格水资源管理制度"三条红线"要求，重塑区域经济产业结构及资源环境战略，将农业水权优化及价格手段结合，在保证区域居民饮水安全、粮食安全、生态安全及社会和谐的基础上，通过价值规律实现初始水权配置效率/使用效率的提升。基于第三方影响调整，建立适合区域可持续发展的水权扭转价格定价机制，以提高水权交易的公平性、效率性和可接受性。将灌区水资源可利用量确权到农民用水户协会、农民种植合作社等用水户，实现灌区终端用水精细化管理，解决灌区灌溉用水管理"最后一公里"的问题。

全书共分8章，第1章为概述，介绍了黑龙江省水资源状况和水权改革发展情况；第2～第5章，系统地提出了黑龙江省水权分配及管控应用理论、水权权利体系和水权改革框架体系、行政区初始水权优化配置、农业初始水权配置、基于遥感和地理信息技术的农业灌区取用水管理关键技术、灌区取用水管理的水权确权技术集成模式、不同行业间水权交易机制研究、同行业内不同用户间水权交易机制研究等；第6章基于水资源用途管制提出了水权监管与水资源刚性约束融合机制；第7章分析了经济与社会效益；第8章进行了总结与展望。全书系统翔实地讲解了用水权分配及管控关键技术研究与应用，理论研究与实际案例衔接紧密，可帮助读者更好地理解理论研究，通过自学掌握相关知识。

本书在编写出版过程中得到了中国水利水电出版社以及有关企业事业单位的大力支持，在此一并表示衷心的感谢。由于作者水平有限，书中难免存在不足和错误之处，敬请读者给予批评指正。希望通过本书的出版，可以进一步加强水资源管理工作人员和科研人员对用水权分配及管控关键技术的理解，进一步提高用水权管理工作人员的工作能力和业务水平，促进水资源管理的科学化和规范化，为水权改革事业的发展做出应有的贡献。

作　者

2021 年 6 月 26 日

目　录

第1章
概述

1.1 我国水权改革总体要求

水权水市场制度是现代水资源管理的有效制度，是市场经济条件下科学高效配置水资源的重要途径，也是建立政府与市场两手发力的现代水治理体系的重要内容。党中央国务院高度重视水权改革。2014年3月习近平总书记在中央财经领导小组第五次会议讲话中明确指出，要推动建立水权制度，明确水权归属，培育水权交易市场，但也要防止农业、生态和居民生活用水被挤占。2015年国务院印发的《生态文明体制改革总体方案》明确要求开展水流和湿地产权确权试点，要求"探索建立水权制度，开展水域、岸线等水生态空间确权试点，遵循水生态系统性、整体性原则，分清水资源所有权、使用权及使用量。""推行水权交易制度。结合水生态补偿机制的建立健全，合理界定和分配水权，探索地区间、流域间、流域上下游、行业间、用水户间等水权交易方式。研究制定水权交易管理办法，明确可交易水权的范围和类型、交易主体和期限、交易价格形成机制、交易平台运作规则等。开展水权交易平台建设。"《国务院办公厅关于推进农业水价综合改革的意见》指出："建立农业水权制度。以县级行政区域用水总量控制指标为基础，按照灌溉用水定额，逐步把指标细化分解到农村集体经济组织、农民用水合作组织、农户等用水主体，落实到具体水源，明确水权，实行总量控制。"党的十八届五中全会明确提出建立健全用水权初始分配制度。中央一号文件提出，"建立健全水权制度，开展水权确权登记试点，探索多种形式的水权流转方式"。2016年以来，国务院考核各省实行最严格水资源管理制度工作，将水权确权工作纳入考核指标体系。

1.2 黑龙江省水资源概况

黑龙江省多年平均水资源总量810亿 m³（其中，地表水资源量686亿 m³、地下水不重复量124亿 m³）还有约2000亿 m³ 的国际河流水资源量，在北方省份中，水资源总量相对充沛，但平均年降水量仅533mm；全省人均占有水资源

量为 2114m³，与全国平均水平接近，属于轻度缺水；耕地亩均占有水资源量为 368m³，仅为全国平均水平 1/4。由于粮食生产用水量巨大，水资源时空分布不均，缺少控制性工程，水功能区水质状况改善较慢，资源性缺水、工程性缺水、水质性缺水的情况在全省各地都不同程度地存在，一些流域、区域的水资源供需矛盾日益突出。长此以往，水资源水环境将难以承载，发展将难以为继。

（1）用水总量后续增长空间有限。随着农业种植结构调整、城镇化的快速推进，全省用水需求呈现持续增长态势，拉林河、倭肯河、呼兰河等部分流域用水已经超过水资源承载能力，水资源总量控制尚需进一步加强。农业用水占全省总用水量的 89.6%，而水田灌溉用水又占农业用水量的 98%，这样的用水结构，严重挤占了其他行业和生态用水的空间，影响全省水资源可持续利用。除松花江佳木斯以下河段和界江界河界湖及嫩江干流部分河段外，其他地区水资源开发利用潜力不大。

（2）用水效率提高难度加大。随着三江平原等区域地表水灌溉逐步替代地下水灌溉，农田灌溉水有效利用系数难以持续提高，同时，灌区节水改造任务重、投入大、时间长、见效慢，也是影响灌溉水有效利用系数进一步提高的重要原因。近两年，黑龙江省万元 GDP 用水量和万元工业增加值用水量逐年下降趋势明显（2016 年度万元 GDP 用水量和万元工业增加值用水量为 229m³、2017 年度为 206m³，2016 年度为 56m³、45.6m³），但是远高于国内先进地区。由于经济增长趋缓，有的地市甚至出现负增长，加之节水投入不足，部分地市万元 GDP 用水量和万元工业增加值用水量下降难度明显增大。

（3）水功能区水质达标率达到国家考核要求难度逐年加大。黑龙江省国家重要水功能区水质达标率 46.5%，距"十三五"期末达到 70% 的目标要求差距较大。黑龙江省一些江河上游地区，尤其是江河源头地区，在没有人类生产活动或生产活动影响较小的情况下，河流腐殖质等背景值因素影响水功能区水质达标率。黑龙江省耕地面积全国最多，农业生产施用的化肥、农药、杀虫剂等产生的面源污染问题比较突出。

水资源管理基础薄弱。黑龙江省在水资源管理队伍建设方面，存在着队伍建设滞后、基础工作薄弱、保障能力不足等诸多问题。有的地市水资源管理机构为公益三类事业单位，经费为自收自支，且用在水资源管理上的人力只有一两个人，或者只能从下属单位借用人员。水资源费改税后，这样的机构将面临生存发展问题，严重影响职能履行。有的地市水资源管理专业人员较少，不利于工作开展，水资源监控能力特别是农业灌溉计量能力建设严重滞后。水资源费从专项资金逐步纳入预算管理后，投入不足的问题更加凸显，水资源相关规划及实施方案等前期工作相对滞后。

1.3 黑龙江省水权改革进展

水权确权，是自然资源确权的重要内容，也是深化改革的重要内容。黑龙江省委省政府高度重视水权试点工作，2013年12月，中共黑龙江省第十一届委员会第四次全体会议通过了《中共黑龙江省委关于贯彻落实〈中共中央关于全面深化改革若干重大问题的决定〉的意见》，明确提出推行水权交易制度，并列入《黑龙江省国民经济和社会发展第十三个五年规划的建议》。2016年6月，省政府印发了《黑龙江省人民政府办公厅关于推进农业水价综合改革的实施意见》，提出建立农业水权制度，明确水权，实行总量控制，逐步建立农业水权交易制度，鼓励用户转让节水量，在满足区域内农业用水的前提下，推行节水量跨区域、跨行业转让。2017年8月，省委、省政府印发了《中共黑龙江省委办公厅 黑龙江省人民政府办公厅关于印发〈黑龙江省创新政府配置资源方式任务分工方案（2017—2020年）〉的通知》（黑办发〔2017〕46号），要求开展五常、庆安等水权试点县（市）水权确权工作，总结改革经验和问题，推进全省水权确权工作。2017年9月，省政府印发了《黑龙江省人民政府关于全民所有自然资源资产有偿使用制度改革的实施意见》（黑政规〔2017〕26号），要求总结黑龙江省试点县（市）水权试点改革经验，推进全省水权确权工作，鼓励通过依法规范设立的水权交易平台开展水权交易，充分发挥市场在水资源配置中的作用。2018年1月，省水利厅牵头，推进全省水权确权工作，积极开展双鸭山市水权交易试点和宁安市水权确权试点工作，纳入省国土资源厅牵头制定的《黑龙江省全民所有自然资源资产有偿使用制度改革实施方案》，鼓励通过依法设立的水权交易平台开展水权交易，充分发挥市场在水资源配置中的作用。黑龙江省已将农业水权确权纳入最严格水资源管理制度考核，《2017年度黑龙江省实行最严格水资源管理制度考核工作方案》（考核办〔2017〕24号），也将水权试点工作作为对地市政府实行最严格水资源管理制度考核的重要内容。总体来看，黑龙江省水权试点取得了初步成效。

（1）根据当地社会经济条件和水资源条件，合理选择确权路径。通过流域用水总量、区域用水总量控制指标，厘清经济社会发展用水和生态需水的合理边界；通过分行业水量配置方案，将经济社会用水分解到生活、工业、农业等各个领域；综合考虑土地、用水定额、人口、种植结构等因素，因地制宜把水权确权到工业企业单位和农民用水者协会、农村集体经济组织等用水户。

（2）明确强有力的用水总量刚性约束指标，倒逼开展水权改革。黑龙江省落实最严格水资源管理制度，建立了强有力的"三条红线"用水总量控制目标，并具体落实到县级行政区地表水和地下水开采总量上，倒逼五常、庆安、肇州

等试点地区开展县域内各行业水量分配，建立以节水为目的、以水权制度为核心的水资源管理体系。在推进水权确权工作中，坚持由简至繁、先易后难、分类指导、分步实施的原则，调整优化种植结构，发展高效节水灌溉，提高用水效率。

（3）水权确权为水权交易提供了前提，建立了一种倒逼机制。水权确权不只是为了交易，确权本身就建立了一种倒逼机制，对转变发展方式、调整产业结构、促进节约用水、规范水事秩序，提高水资源利用效率效益具有至关重要的作用。水权也为实行基本水价、超定额累进加价、节水奖补等水价制度建设提供了基本依据。庆安县柳河灌区开展水权确权登记工作，以推动农业水价综合改革为核心，以完善末级渠系工程为基础，以健全终端水价制度为保证，在核心试点区初步建立起科学、系统、完备的农田水利良性运行机制，抢抓进度、全力全速推进水权试点。

（4）规范水事秩序，实施水权精细化管理，为水权落实和水权交易提供保障。通过农业初始水权登记，逐步建立归属清晰、权责明确、保护严格、流转顺畅的现代水权制度，实现把农业用水初始水权配置到农村集体经济组织或农民用水者协会。通过农业水价综合改革项目，强化用水计量，建立用水台账，让用水户清清楚楚地知道自己的用水量，实现水权可计量。对节约的水权，鼓励开展交易，发挥水权的激励功能，探索双鸭山、宁安水权交易机制和平台建设，为全省水权试点工作推广提供技术支撑。

（5）深入开展水权试点研究工作。开展相关专题研究，探索层次分析法与模糊决策理论，建立了适宜黑龙江省实际情况的水权分配指标体系，构建初始水权分配模型，开展水权初始配置应用研究，编制五常、庆安、肇州、富锦等试点地区水权确权实施方案，探索开发考虑第三方影响的市场供需平衡的水权转让均衡定价技术方法，为全省水权试点工作推广提供技术支撑。

1.4 存在问题

黑龙江省是全国产粮第一大省，是我国重要的商品粮出产基地。全省多年平均水资源总量 810 亿 m^3，用水总量控制指标 2020 年、2030 年分别为 353 亿 m^3、370 亿 m^3。全省人均水资源占有量为 $2114m^3$，与全国水平相当，是世界平均水平的 28%；耕地亩均水资源量约 $368m^3$，仅为全国平均水平的 22%。黑龙江省水土资源不匹配，东、西两大平原土地资源十分丰富，耕地面积占全省 89.3%，而水资源总量却只占全省的 50.2%；哈大齐是黑龙江省经济发达区，人口为全省的 50%，GDP 占全省的 64%，而水资源量仅占全省的 21%；大兴安岭地区、黑河市、牡丹江市和伊春市人口为全省的 16%，GDP 占全省的 14%，而其水资源量为全省的 51%，占全省一半以上。同时，黑龙江省用水总量大，2015 年全省用水总量已达 355.3 亿 m³，其中农业 312.6 亿 m³，工业用水量 23.8 亿 m³，城乡生活 16.2 亿 m³，生态 2.64 亿 m³。1980—2015 年，用水总量从 135.2 亿 m³ 增加到 355.3 亿 m³，增加了 220.1 亿 m³，工业用水量从 21.3 亿 m³ 变为 23.8 亿 m³，略有增加，农业用水量从 107.4 亿 m³ 增加到 312.6 亿 m³，增加了 205.2 亿 m³，城乡生活用水量从 6.5 亿 m³ 增加到 16.2 亿 m³，增加了 9.7 亿 m³。水资源问题已经成为黑龙江省经济社会发展中带有基础性、全局性、战略性的问题之一。水资源承载能力调查评价结果表明，黑龙江省地下水严重超载区 20 个，超载区 2 个，临界状态区 4 个，其中由于开采深层承压水造成超载的为大庆市的市区、肇源县、肇州县和杜蒙县 4 个单元，其余均为浅层地下水超采造成。在这种情况下，创新水资源管理手段，开展水权改革、强化水资源刚性约束有着较为迫切的现实需求。

第 2 章
黑龙江省水权分配及管控
应用理论研究

2.1 水权界定、确权及交易

2.1.1 水权界定

2.1.1.1 水权类型

(1) 水资源所有权。《中华人民共和国宪法》(以下简称《宪法》)《中华人民共和国民法典》(以下简称《民法典》)规定矿藏、水流、海域属于国家所有,《中华人民共和国水法》(以下简称《水法》)进一步规定水资源属于国家所有,因此水资源所有权是水权的重要内容,也是黑龙江省水权研究的逻辑起点。水资源所有权是指对水资源占有、使用、收益和处分的权利。水资源所有权是由其所有制形式决定的,是水资源的所有制在法律上的表现。水资源所有权的标的包括全部水资源,既包括生态用水,也包括经济社会发展用水。需要说明的是,对于黑龙江省水权研究而言,考虑到水资源所有权由国务院代表国家行使,根据自然资源资产产权制度改革形势要求,地方人民政府也可以代表国家行使部分水资源所有权(体现为区域水权),因此需要重点研究的概念不在于水资源所有权,而在于区域水权。

(2) 水资源使用权。根据《民法典》,国家所有或者国家所有由集体使用以及法律规定属于集体所有的自然资源,组织、个人依法可以占有、使用和收益。对国家所有的水资源,可以从所有权中分离出使用权,由单位和个人依法占有、使用和收益。因此,水资源使用权也是水权的重要内容,是黑龙江省水权研究的重要落脚点。所谓水资源使用权,是指从水资源所有权中分离出来的单位和个人依法对水资源占有、使用和收益的权利。由于水资源使用权的主体是取用水户,因此,也可以将水资源使用权称为取用水户水权。由于水资源所有权的标的既包括生态用水,也包括经济社会发展用水,而能够从水资源所有权中分离出使用权的部分应当限于经济社会发展用水,而不包括生态用水,因此,从标的上看，水资源所有权的范围比水资源使用权广。

2.1.1.2 区域水权

区域水权是区域取用水权益的简称，是指省、市、县等行政区域对区域取用水总量的配置管理权和收益权。区域水权的边界体现为区域用水指标，包括区域用水总量控制指标、江河水量分配指标、引调水工程水量分配指标等。水利部、国家发展改革委、财政部 2018 年 2 月印发的《关于水资源有偿使用制度改革的意见》（水资源〔2018〕60 号）明确指出"在区域层面，通过分解区域用水总量控制指标、制定江河水量分配方案等，明确区域取用水权益"。

从法理看，区域水权在性质上属于水资源所有权层面的范畴，体现的是地方人民政府可以代表国家行使的水资源所有权。理由如下：第一，区域水权属于水资源所有权层面的范畴。水资源所有权和水资源使用权的分离标志是将水资源使用权赋予取用水户，在未赋予取用水户水权之前，都属于水资源所有权层面的范畴。区域水权尚未和具体的取用水户相挂钩，因此仍属于水资源所有权层面的范畴。第二，区域水权是地方人民政府可以代表国家行使的水资源所有权。《生态文明体制改革总体方案》明确提出"对全民所有的自然资源资产，按照不同资源种类和在生态、经济、国防等方面的重要程度，研究实行中央和地方政府分级代理行使所有权职责的体制，实现效率和公平相统一"。落实《生态文明体制改革总体方案》精神，有必要结合区域用水总量控制指标分解、江河水量分配方案制订等工作，明确区域取用水总量和权益（即区域水权），确认地方人民政府代表国家行使的水资源所有权。

对于区域水权权利义务的内容，目前的法律法规尚未明确规定。从法理上看，区域水权反映了地方人民政府对区域内各种取用水户进行水资源配置和监督管理的权利，以及通过征收水资源费等享有的所有权人权益。

2.1.1.3 取水权、用水权

（1）取水权。根据《水法》规定，直接从江河、湖泊或者地下取用水资源的单位和个人，应当按照国家取水许可制度和水资源有偿使用制度的规定，向水行政主管部门或者流域管理机构申请领取取水许可证，并缴纳水资源费，取得取水权。在理解取水权时，需要区分公共供水单位和自备水源取用水户两类主体。从法理上看，自备水源取用水户，在取水之后还需要用水，属于"既取又用"；而水库管理单位、灌区管理单位、自来水公司等公共供水单位，核心在于从事供水服务，属于"只取不用"，因而其本质上属于特许经营。在今后水权制度建设过程中，适宜按照授予特许经营权的思路对公共供水单位进行规范和管理。

（2）用水权。通过对《生态文明体制改革总体方案》等党中央、国务院出台的文件进行研究可知，党的十八届五中全会提出的"用水权"就是终端取用水户的水资源使用权，主要包括三部分：一是工业企业等自备水源取用水户的取水权，二是灌区内用水户的用水权，三是农村集体经济组织及其成员的用水权。

（3）水权与取水权、用水权的关系。三者的关系体现为：水权包括水资源所有权、水资源使用权，取水权和用水权都是水资源使用权；自备水源取用水户同时享有取水权和用水权，公共供水单位享有取水权但不享有用水权，而灌区内用水户、使用自有水塘水库水的农村集体经济组织及其成员享有用水权但不享有取水权。水权概念的关系如图 2.1 所示。

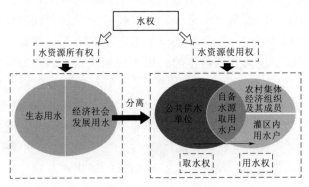

图 2.1　水权概念关系

2.1.2　水权确权

水权确权主要包括以下内容：

（1）确认区域水权。确认行政区域取用水总量和权益。区域水权在法律上需要通过明确区域用水总量控制指标、江河水量分配指标、跨流域调水工程分水指标等相关政府文件予以确认。

（2）确认取水权。按照现有法律法规，取用水户的取水权通过发放取水许可证进行确认。《水法》第四十八条的规定："直接从江河、湖泊或者地下取用水资源的单位和个人，应当按照国家取水许可制度和水资源有偿使用制度的规定，向水行政主管部门或者流域管理机构申请领取取水许可证，并缴纳水资源费，取得取水权。"作为一种用益物权，取水权人依法对取用的水资源享有占有、使用和收益的权利。

（3）确认用水权。一是确认公共供水管网内用水户，如灌区内灌溉用水户或用水合作组织的用水权。《国务院办公厅关于推进农业水价综合改革的意见》

（国办发〔2016〕2号）要求"以县级行政区域用水总量控制指标为基础，按照灌溉用水定额，逐步把指标细化分解到农村集体经济组织、农民用水合作组织、农户等用水主体，落实到具体水源，明确水权，实行总量控制。"对灌区内用水主体进行用水权确认，是水权确权的一种特殊类型，也是水权水市场建设的重要组成部分。归纳当前用水权确权做法和今后的实践需求，确权形式包括单独发放用水权属凭证、在其他权属凭证上记载用水户的用水份额、下达用水计划指标或用水定额等。二是确认农村集体经济组织及其成员的用水权。《水法》第三条规定："农村集体经济组织的水塘和由农村集体经济组织修建管理的水库中的水，归各该农村集体经济组织使用。"农村集体经济组织的用水权可以由农民用水合作组织或村民小组、村民委员会代表村集体享有农村集体经济组织用水权。实践中，农村集体经济组织可以在民主决策基础上，确认水塘、水库受益范围内相关受益农户的用水权。农村集体经济组织用水权既可以单独发放权属证书（如水权证），也可以结合农村小型水利工程产权改革，在水利工程设施权属证书上记载用水份额及其相应的权利。

2.1.3 水权交易类型确定

水权交易主要有以下三种类型：

（1）区域水权交易。以县级以上地方人民政府或者其授权的部门、单位为主体，以用水总量控制指标和江河水量分配指标范围内结余水量为标的，在位于同一流域或者位于不同流域但具备调水条件的行政区域之间开展的水权交易。

（2）取水权交易。获得取水权的单位或者个人（包括除城镇公共供水企业外的工业、农业、服务业取水权人），通过调整产品和产业结构、改革工艺、节水等措施节约水资源的，在取水许可有效期和取水限额内向符合条件的其他单位或者个人有偿转让相应取水权的水权交易。

（3）灌溉用水户水权交易。已明确用水权益的灌溉用水户或者用水组织之间的水权交易。

2.1.4 水权监管

2.1.4.1 水权监管的定义

水资源具有流动性、年际年内变化性、多功能性、重复利用性、利害双重性等特征，为保障公共利益和取用水户的合法利益，需要对水权加强监管。水权监管指在水权确权和交易过程中以及确权交易后的权利行使过程中，有关主管部门通过水资源用途管制、交易监管、水权动态管理等方式对水权进行的监督管理。

2.1.4.2　水权监管的环节

（1）水权确权环节监管。在水资源确权过程中，需要依据法律法规、最严格水资源管理制度、相关规划和政策，区分生活、农业、工业、服务业、生态等用水类型，明确水资源使用用途。

（2）水权交易环节监管。水行政主管部门需要加强对交易主体、可交易水权、交易程序、水资源用途等的监管，价格主管部门和水行政主管部门要加强对水权交易价格的监管。需要建立第三方和生态环境影响评估及补偿机制，重视和鼓励公众参与，加强社会监督等。

（3）水权确权与交易后续监管。水权确权和水权交易后续监管的重点有：①通过加强取用水监管，确保取用水户按照取水许可证载明的用途使用水资源。②对经审批允许变更水资源用途的，审批机关应当定期检查水资源用途变更的实施情况，防止以水权交易为名，套取取用水指标。

2.2　水权分配及管控应用理论

2.2.1　物权理论及其在水权上的应用

2.2.1.1　物权的一般理论

作为民事权利的一种，物权指权利人依法对特定的物享有直接支配和排他的权利，包括所有权和用益物权。其中，所有权是指所有权人对自己的不动产或者动产，依法享有占有、使用、收益和处分的权利；用益物权是指用益物权人对他人所有的不动产或者动产，依法享有占有、使用和收益的权利。用益物权是以对他人所有的物为使用、收益的目的而设立的，因而被称作"用益"物权。

2.2.1.2　水资源所有权的相关理论

（1）水资源所有权专属于国家所有。按照《民法典》规定，法律规定专属于国家所有的不动产和动产，任何组织或者个人不能取得所有权。我国《宪法》《民法典》规定水流属于国家所有，《水法》进一步规定水资源属于国家所有，水资源的所有权由国务院代表国家行使。据此，由于法律规定水资源专属于国家所有，水资源所有权由国务院代表国家行使，因此任何单位和个人不能取得水资源所有权。

（2）水资源所有权实现的重点是处分权和收益权。水资源所有权人对财产享有占有、使用、收益、处分的权利。由于所有权人不直接占有和使用水资源，所有权实现的重点在于处分和收益，处分方式既包括授权代理行使所有权，也包括对使用权的具体配置，收益方式既包括让渡权利的收益，也包括对他人使用资源而征收的费用。

（3）在水资源所有权实现过程中，需要分清中央政府与地方政府分别代表国家行使水资源所有权的权责。我国地域广阔、国情水情复杂、水资源资产总量巨大、管理工作繁复，给所有权人的权利行使带来极大难度。如果完全由中央政府行使所有权，行政运行成本过高，可操作性不强；完全由地方政府行使所有权，可能无法兼顾流域上下游、左右岸水资源使用权人的利益。为此，需要在坚持水资源国家所有的基本制度下，实行由中央政府和地方政府分别代表国家履行所有权人职责的体制。按照《生态文明体制改革总体方案》"对全民所有的自然资源资产，按照不同资源种类和在生态、经济、国防等方面的重要程度，研究实行中央和地方政府分级代理行使所有权职责的体制，实现效率和公平相统一。分清全民所有中央政府直接行使所有权、全民所有地方政府行使所有权的资源清单和空间范围。中央政府主要对……大江大河大湖和跨境河流……等直接行使所有权"的精神，也需要分清中央政府与地方政府分别代表国家行使水资源所有权的权责。对此，需要结合区域用水总量控制指标的分解、江河水量分配方案的制订等，对区域取用水总量和权益进行确认，并进一步明确中央政府和地方政府代表国家行使的水资源所有权职责。

（4）基于水资源所有权实现形式多样化，需要探索对水资源实行资产化管理，并探索对工业企业等非公益性用水实行有偿出让。《生态文明体制改革总体方案》提出："处理好所有权与使用权的关系，创新自然资源全民所有权和集体所有权的实现形式，除生态功能重要的外，可推动所有权和使用权相分离，明确占有、使用、收益、处分等权利归属关系和权责，适度扩大使用权的出让、转让、出租、抵押、担保、入股等权能。……全面建立覆盖各类全民所有自然资源资产的有偿出让制度，严禁无偿或低价出让。"水资源是自然资源的重要组成，应当按照《生态文明体制改革总体方案》要求，对工业企业等经营性用水，探索实行有偿出让制度，实现水资源所有权实现形式的多样化。

2.2.1.3　水资源使用权的相关理论

（1）水资源使用权在性质上属于用益物权。用益物权是指用益物权人对他人所有的不动产或者动产，依法享有占有、使用和收益的权利。《民法典》在"用益物权"篇中明确规定：国家所有或者国家所有由集体使用以及法律规定属于集体所有的自然资源，组织或者个人依法可以占有、使用和收益。《生态文明体制改革总体方案》提出："探索建立水权制度……分清水资源所有权、使用权及使用量。"据此，对于国家所有的水资源，可以从水资源所有权中分离出水资源使用权，由取用水户享有占有、使用和收益水资源的权利。因此，水资源使用权在性质上属于用益物权。

（2）水资源使用权实现的重点是使用和收益。由于使用权人直接占有水资源，使用权的实现重点在于使用和收益。收益方式包括直接使用收益，也包括出让、转让、出租、抵押、担保、入股等使用权权能衍生的收益。

（3）水资源使用权的权能应当适度扩大。基于使用权的上述功能，水资源使用权的权能应当适度扩大，使用权人除了直接使用水资源之外，还可以将水资源使用权出让、转让、出租、抵押、担保、入股等，获得使用权权能衍生的收益。对此，《生态文明体制改革总体方案》也提出："除生态功能重要的外，可推动所有权和使用权相分离，明确占有、使用、收益、处分等权利归属关系和权责，适度扩大使用权的出让、转让、出租、抵押、担保、入股等权能。"按照《生态文明体制改革总体方案》要求，应当通过确权登记和实行水资源使用权有偿取得，适度扩大水资源使用权的权能，使水资源使用权人拥有出让、转让、出租、抵押、担保、入股等资产功能。

2.2.2 权利取得条件和权利关联理论

运用权利取得条件和权利内容关联理论，对于黑龙江省水权确权与交易制度体系建设而言，有两方面应用：

（1）水权确权。需要区分取用水户水权的不同取得方式，赋予水权人不同的权利内容，实行不同的权属管理。也就是说，对于直接向水行政主管部门申请取水许可而无偿取得的取水权，在确权过程中需要通过开展水权初始分配，严格核定取水许可水量，才能确认其取水权；而且其使用权能和收益权能应收到严格限制，取水权人只能转让其采取节水措施节约的水资源，同时需要按照取水许可管理制度要求，接受水行政主管部门的动态管理；而对于通过水权交易等方式有偿取得的取水权，在确权过程中可根据其交易水量直接确认其取水权，而且其使用权能和收益权能得到扩展，在符合用途管制等条件下，既可以对取水权进行入股、抵押或者出资、合作，也可以对取水权进行转让。

（2）水权交易。为了进一步落实水资源所有权人权益和对取用水户水权进行"扩权赋能"，需要逐步探索开展政府有偿出让水权，而这也正是我国今后一段时期水权改革的重要方向和内容。这是因为，按照权利取得条件和权利内容关联理论，要想对取用水户水权进行"扩权赋能"，就必须改变拓展水权取得条件，也就是说，需要将当前仅通过向政府无偿申请取水许可而获得取水权的现象，改为向政府缴纳水资源出让金而获得取水权；而由于取用水户获得水权的过程也正是水资源所有权与水资源使用权分离的过程，因此政府收取水资源出让金也恰恰就是水资源所有权的实现，是进一步落实水资源所有权人权益的重要体现。

2.2.3 帽子和交易理论

"帽子和交易"，（cap - and - trade）原本专门用来表述碳排放权交易，为《京都议定书》首创，在欧盟的碳排放交易体系中得到了完整的应用，并取得了巨大成效。本书引入该理论并进行改造，以对水权交易市场的培育提供理论依据。运用"帽子和交易"理论，可以确定当前和今后一段时期黑龙江省水权交易市场培育的重点是在严格控制总量的基础上，盘活存量水资源。

（1）将严格控制总量作为水权交易市场培育的前提和基础。一是需要通过水权初始分配，将用水总量控制指标逐级分解，并最终落实到各水源和各取用水户，形成从区域到取用水户相对闭合的用水总量控制体系。二是对于已经分解下达的用水总量控制指标以及批复的江河水量分配指标等，原则上不再调整。这不仅是最严格水资源红线管理的内在要求，也是水权交易市场培育的客观需要。

（2）盘活存量水资源。在严控总量的基础上，能否有效盘活存量就成为丰水地区水权交易市场培育的关键。为了盘活存量水资源，首先要找到存量水资源在哪，然后用机制和制度为盘活存量水资源提供支撑。

从黑龙江省实际上看，存量水资源主要体现在以下方面：一是结余或闲置，如区域因用水总量控制指标尚未使用而形成区域结余水量，取用水户因取水许可水量偏大而形成闲置水权等；二是节约，如投资节水而导致水资源使用量下降，形成节约水量。为了盘活存量水资源，有必要建立健全以下机制和制度：一是退出机制，即对于取用水户因取水许可水量偏大而形成的闲置水权，建立退出机制，由政府予以收回；二是收储机制，即对于政府因投资节水而形成的节约水量，由政府按照一定的机制和制度予以收储；三是再处置机制，即对于收储的水权按照一定的机制和制度予以再处置。为此，在推进黑龙江省水权改革过程中，有必要建立取水许可动态管理制度、政府预留指标处置制度、水权收储与处置制度等，以更好地盘活存量水资源，培育水权交易市场。

2.2.4 水权交易两级市场理论

市场机制不仅可以在水权交易二级市场发挥作用，而且也应当在一级市场发挥作用；水权交易的一级市场和二级市场存在紧密关联，二级市场会倒逼建立一级市场，一级市场则可激活二级市场。

（1）水资源具有稀缺性和使用上的排他性、竞争性，水资源初始配置需要引入市场机制。我国传统的水资源初始配置主要体现为取水许可，采用的是行政手段，属于无偿配置、有偿使用，市场机制尚未在水资源初始配置环节发挥作用。在最严格水资源管理制度下，水资源是具有稀缺性、排他性和竞争性的自然资源。按照经济学原理，一种资源的稀缺性、排他性、竞争性越强，其分配越是需要引入市场机制，以实现更优化的配置和更高效的利用。因此，有必要按照水资源是稀缺资源、水资源具有经济价值的理念，在水资源初始配置环节引入市场机制，逐步建立能够反映水资源稀缺程度的价格体系和市场。

（2）二级市场将倒逼建立一级市场。水权交易制度的推行，使水权无偿取得和有偿取得两种形态并存，这样必然会对政府配置新增水权提出新要求。为了避免出现同一个地区有的企业需要通过市场交易有偿取得水权，而有的却可以通过向政府申请取水许可无偿取得水权的"双轨制"，维护市场公平，客观上要求政府配置新增用水环节引入市场机制，实行有偿出让。这就是"二级市场倒逼建立一级市场"的基本原理。在这方面，已经较早探索建立水权交易二级市场的内蒙古和宁夏等地区，已经开始探索将政府收回的闲置取用水指标按现行水权转让价格进行交易，交易收入纳入公共财政预算管理，在探索实行政府有偿出让水权方面迈出了步伐，积累了经验。

（3）一级市场不放开，二级市场也活跃不起来。一方面，如果不实行水资源使用权有偿出让，只存在通过申请取水许可无偿取得水资源使用权一种形式，则取用水户有用水需求时就都希望向政府无偿申请，而不愿通过市场进行交易。另一方面，虽然现在已经有一些用水户通过二级市场获得水权的案例，但是总体而言，即使无偿取得和通过交易有偿取得两种方式同时存在，如果一级市场不放开，也必然导致用水户更多地愿意通过无偿取得方式获得水权，从而严重制约二级市场的发育。只有政府不再无偿配置新增水资源使用权，才会催生通过市场交易取得水资源使用权，培育和发展水权交易市场。

2.3　水权权利体系、制度体系和改革框架体系构建

2.3.1　水权权利体系构建

与土地权、林权等概念类似，水权是与水资源有关的各种权利的总称，这些水资源的各种权利相互关联，共同构成水权的权利体系。从世界各国看，一个国家选择什么样的水权权利体系，既与该国法律权利的传统有关，也与该国的国情水情有关。伴随着经济社会的发展，当既有的水权权利体系难以满足水权水市场的实际需求时，水权权利体系通常会进行调整，从而出现水权权利体系的变迁。

目前我国的水权权利体系尚未完全定型，尚难以完全满足水权水市场建设的需要。这是因为，水权作为水资源权属，在性质上属于物权，按照《民法典》有关"物权的种类和内容，由法律规定"的物权法定原则，只有在法律层面明确规定水权的种类和内容，才能说我国已经建立了自己的水权权利体系。然而，

从现有法律法规上看，不仅水权作为物权的法律依据尚不充分，而且实践中正在开展的用水权初始分配尚缺乏明确的法律依据。首先，从水权的权利体系看，目前《民法典》和《水法》仅规定了水资源所有权和取水权两种权利，但没有"水资源使用权""用水权""区域水权"等其他权利的提法和表述，这使得开展水资源使用权确权登记、用水权初始分配、区域水权交易等的法律依据尚不充分。其次，从取水权看，虽然《民法典》明确取水权是一种用益物权，依法取得的取水权受法律保护，但《水法》是以取水许可制度为基础设置取水权的，而取水许可制度将公共供水单位和自备水源的企业都纳入管辖范围，这就使得取水许可与水权之间的关系存在着争议和困惑。例如，水库工程管理单位、自来水公司等公共供水单位虽然申领了取水许可证，但其是否享有物权性质的取水权？其节约的水资源能否开展水权交易？其与使用公共供水的用水户之间属于供用水合同关系，还是属于水权交易关系？这些问题都令人困惑。再次，从用水权看，开展用水权初始分配还缺乏法律依据。

针对上述问题，在加快推进水权水市场建设过程中，有必要对现有水权权利体系进行突破和创新，并根据我国水权水市场建设的实际需要，构建有中国特色的水权权利体系。按照所有权、用益物权的物权理论和体系，落实中央"构建归属清晰、权责明确、监管有效的自然资源资产产权制度"改革要求，需要构建由水资源所有权（含区域水权）、水资源使用权（含取水权、用水权）构成的水权权利体系，如图2.2所示。

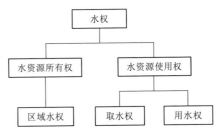

图2.2 水权权利体系图

（1）坚持水资源国家所有权，并明确区域水权。水资源国家所有权是社会主义所有制决定的，必须予以坚持。在坚持水资源国家所有权的基础上，落实《生态文明体制改革总体方案》"探索建立分级行使所有权的体制"的要求，需要建立区域水权体系。所谓区域水权，是指省、市、县等地方人民政府代表国家行使区域用水总量的配置管理权和收益权。

（2）引入水资源使用权概念，并创新水资源使用权体系。《民法典》第三百二十四条规定："国家所有或者国家所有由集体使用以及法律规定属于集体所有的自然资源，组织、个人依法可以占有、使用和收益"。该规定也同样适用于水资源。也就是说，对国家有所有的水资源，可以从水资源所有权中分离出水资源使用权，由单位和个人依法占有、使用和收益。

（3）在引入水资源使用权概念的同时，需要创新水资源使用权体系。一方面要在法律中明确引入用水权概念，用水权是指终端用水户的水资源使用权，

15

其主体包括工业企业等自备水源用水户、灌区内用水户、使用自有水塘水库水的农村集体经济组织及其成员，但自来水公司的供水对象根据供用水合同进行用水，不属于用水权的主体。另一方面，对于取水权，基于制度延续要求，仍予以沿用，但需要重新界定。取水权是直接从江河、湖泊或者地下取用水资源的权利。按照取与用的特征，可分为两种：一是"既取又用"，包括工业企业等自备水源取用水户的取水权，具备物权属性；二是"只取不用"，包括水库管理单位、灌区管理单位、自来水公司等公共供水单位的取水权，不具备物权属性，应实行特殊管制。

2.3.2 水权制度体系构建

按照健全自然资源资产产权制度的要求，新形势下水权制度体系需要包括水资源所有权制度和水资源使用权制度两方面，如图 2.3 所示。

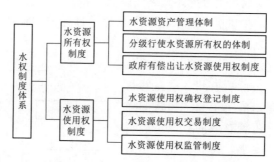

图 2.3 与自然资源资产产权制度相适应的水权制度体系

（1）水资源所有权制度。坚持水资源资产的公有性质，通过明确水资源资产管理机构及其权责，健全水资源资产管理体制，区分水资源资产所有者权利和管理者权力；通过合理划分中央地方事权和监管职责，探索建立分级行使所有权的体制；通过实行政府有偿出让水资源使用权，进一步落实水资源所有权人权益。

（2）水资源使用权制度。通过水资源使用权确权登记，分清水资源所有权、使用权及使用量，建立健全用水权初始分配制度；通过开展多种形式的水权交易，发挥市场机制优化配置水资源作用；通过加强水资源使用权和水市场监管，保障公益性用水，实现水资源使用权有序流转。

2.3.3 水权改革框架体系构建

2.3.3.1 构建思路

立足我国基本国情水情，坚持社会主义市场经济改革方向，充分考虑水资源的稀缺性、流域性、不可替代性特点，统筹兼顾、因地制宜、先易后难、分类推进，以水权确权为重点，在落实区域用水总量控制指标和开展江河水量分配的基础上，明确区域取用水权益和取用水户的用水权，完善水权配置体系；以推动水权交易为重点，通过明确水权交易类型和程序，培育水权交易市场，健全水权交易价格形成机制等，建立水权流转体系；以加强水资源用途管制为重点，健全水权动态管理机制、第三方影响和补偿机制、交易市场风险防控机制等，建立水权监管体系，进而形成归属清晰、权责明确、流转顺畅、监管有效的国家水权改革框架体系，如图2.4所示。使市场在资源配置中起决定性作用和更好发挥政府作用，实现水资源合理配置、高效利用和保护，以水资源的可持续利用支撑经济社会的可持续发展。

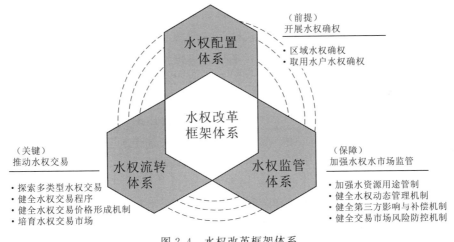

图 2.4　水权改革框架体系

2.3.3.2　框架体系的内容

水权改革应围绕水资源使用权展开，重点是建立"三个体系"，即通过开展区域水权确权和取用水户水权确权，形成水权配置体系；通过探索多类型水权交易、健全水权交易程序和交易价格、培育水权交易市场等，形成水权流转体系；通过实施水资源用途管制制度和水权动态管理制度，健全第三方影响与补偿机制、风险防控机制等，形成水权监管体系。

（1）水权配置体系。水资源确权是开展水权交易和监管的前提，通过制定和完善相应制度，对不同类型水权完成拥有者、水量、年限、权利和义务等因素的确认，进而为开展水权交易和监管奠定基础。一是开展区域水权确权。区域水权确权，是确认区域取用水总量和权益的制度。区域取用水总量是按照《国务院办公厅关于印发实行最严格水资源管理制度考核办法的通知》（国办发

〔2013〕2 号）以及地方人民政府确定下一级区域用水总量控制指标的文件，逐级分解到省、市、县的区域可分配水量和用水总量控制指标，是再分配给区域内取用水户水权以及开展区域水权交易的基本依据。二是开展取水权户水权确权。在用水总量控制基础上，根据《取水许可和水资源费征收管理条例》，明晰取水权和灌溉用水户用水权。没有办理取水许可证的，要尽快办理。对于一些地方存在的取水许可证记载的取水量偏大问题，要尽快予以重新核定。对于重复发证等不规范现象，应当予以规范。此外，还要结合农业水价综合改革推进情况，因地制宜开展灌区农业用水户水权确权，为开展灌区水权交易奠定基础；开展农村集体经济组织自有水库水塘的水资源利用情况调查统计，建立农村集体水权发证制度，从法律上确认农村集体水权，为农村集体水权的保护和流转创造条件。

（2）水权流转体系。水权交易，是借助市场机制提高水资源利用效率、发挥水资源价值的有效手段。结合水权改革实践现状，需要有针对性的探索多种水权交易类型，健全水权交易程序和水权交易价格形成机制，并通过各种举措积极培育水权交易市场。一是探索多类型水权交易。除了《水权交易管理暂行办法》规定的区域水权交易、取水权水权交易和灌溉用水户水权交易三种类型外，要积极探索政府有偿出让水权制度。借鉴建设用地使用权招拍挂做法，对于新增取用水户，尤其是工业、服务业用水户，探索在水资源配置环节引入市场机制，有偿出让水资源使用权。二是健全水权交易程序。针对不同类型水权交易，要有针对性地明确水权交易的主体、对象、条件、流程等环节和要求，为交易实践活动提供具体依据和遵循。三是要健全水权交易价格形成机制。针对当前水权交易价格不能真正反映水资源稀缺情况和水资源真正价值，以政府行政定价或政府指导价为主的情况，要探索建立更多让市场机制发挥作用的水价形成机制。四是培育水权交易市场。总体上看，现阶段我国水权改革仍处于起步阶段，水权交易市场发育程度不高。为了进一步激活水权交易市场，运用市场机制优化配置水资源，还需要针对水权交易的关键环节开展水市场的培育工作，如推动形成水权买卖主体、扩大可交易水权范围、搭建多层级水权交易平台、借鉴土地等资源做法健全一级、二级市场等。

（3）水权监管体系。水权水市场监管是水权取得和交易公平公正的重要保障，重点是保障农业和农民用水权益，并防止水权交易对第三方和生态环境造成不良影响。一是健全水资源用途管制制度。参考土地用途管制的做法，结合我国国情水情和水资源的特殊性，按照《水利部关于加强水资源用途管制的指导意见》的要求，明确水资源用途，落实水资源用途管制措施，严格水资源用途变更监管，完善监督考核并建立审计与责任追究制度。二是实施水权动态管理。通过建立水权数据库、水资源监控体系和加强计划用水管理等举措，对确权和交易后的水权实施动态监管，确保水权体系的流转顺畅和监管有力。三是健全第三方影响与补偿机制。水资源具有强烈外部性特征（包括正外部性和负外部性），要充分考虑第三方利益，避免对公共利益造成重大影响。应当将第三方和公共利益影响评价和补偿，作为水权交易的必经程序和重要约束条件，对于交易双方确实没有能力开展评价和补偿，或者有其他不适合由交易双方开展评价和补偿的情形，可由政府通过采购服务、代履行等方式开展评价和补偿。四是健全水权交易风险防控机制。水权交易风险防控制度，是指有效识别水权交易中的自然气候、管理、合同履约、廉政等方面的风险，并通过识别风险源、加强风险预警、强化应对措施等措施，严格控制交易中可能发生的各类风险。

2.4 本章小结

本章立足物权理论和自然资源资产产权改革要求，构建了符合黑龙江省省情水情的水权权利体系。本章按照所有权、用益物权的物权理论和体系，落实中央"构建归属清晰、权责明确、监管有效的自然资源资产产权制度"改革要求，构建了由水资源所有权（含区域水权）、水资源使用权（含取水权、用水权）构成的水权权利体系。第一，明确了区域水权。即省、市、县等行政区域代表国家行使区域用水总量的配置管理权和收益权。第二，首次界定了用水权。用水权是指终端用水户的水资源使用权，其主体包括工业企业等自备水源用水户、灌区内用水户、使用自有水塘水库水的农村集体经济组织及其成员，但自来水公司的供水对象根据供用水合同进行用水，不属于用水权的主体。第三，重新界定了取水权。取水权是直接从江河、湖泊或者地下取用水资源的权利。按照取与用的特征，可分为两种：一是"既取又用"，包括工业企业等自备水源取用水户的取水权，具备物权属性；二是"只取不用"，包括水库管理单位、灌区管理单位、自来水公司等公共供水单位的取水权，不具备物权属性，应实行特殊管制。

本章创造性地提出了权利取得条件和权利关联理论，创新了水资源使用权实现方式。综合国内外自然资源管理的做法和经验，创造性地提出——对于国家所有自然资源，当其具有经济价值且为稀缺资源时，权利的取得条件（无偿/有偿）决定了权利内容（不完整/完整）。基于这一创新理论，本书对水资源使用权的实现方式进行了创新和突破。对于通过申请取水许可无偿取得的水权，其权利内容是不完整的，权利人只能转让其采取节水措施节约的水资源；而对于通过缴纳出让金或水权交易有偿取得的水权，其权利内容是完整的，在符合用途管制等条件下，可以对水权进行转让、入股、抵押或者出资、合作等。

第3章
黑龙江省水权优化配置研究

3.1 基于准市场化的行政区初始水权优化配置

3.1.1 研究思路

区域初始水权配置，是指在流域水资源管理制度和法律法规体系的保障前提下，根据流域社会经济发展综合规划与水资源综合规划，在政府宏观调控、加强对弱势群体保护的作用下，保障流域河道内生态环境的健康发展，充分考虑流域内各区域的社会、经济以及生态环境之间相互协调与制约的关系，结合各区域的发展目标，为体现各区域之间用水的公平性与效率性，消除各区域之间的用水冲突与矛盾，保障水资源的可持续利用，促进社会、经济以及生态环境的可持续发展，从而以各区域社会经济发展目标之间协调发展为核心，对各区域之间的水资源进行合理配置，如图3.1所示。

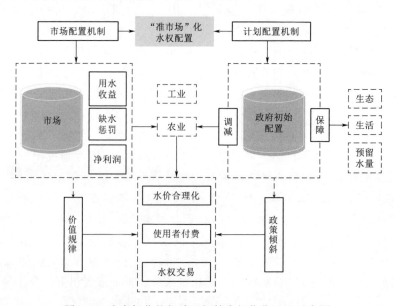

图 3.1 准市场化的行政区初始水权优化配置示意图

准市场化初始水权配置模型，将传统的初始水权配置方式（或根据层次分析法计算的初始水权综合配置方案）作为第一阶段变量，根据现实经济发展及产业规划，对第一阶段变量进行追索、修正，从而获得更为合理、科学的初始水权配置方案。同时，充分考虑市场与政府的作用，将农业、工业、生态和生活四大行业的初始水权进行分类，生活水权按人走，生态水权由政府调控给予保障，农业用水及工业用水按照经济发展实际情况和产业发展规划来进行两阶段优化。充分考虑现实情况中数据不确切为水资源管理系统带来的区间不确定性，一方面可以反映不确定参数与经济惩罚间的复杂响应关系，另一方面也可以把不确定性和决策目标直接反映到优化过程和求解结果当中，最终获得区间形式决策变量，增加初始水权优化配置的科学性。所获得的水权初始分配方案可以帮助决策者在复杂的经济和系统制约条件下，根据区域实际情况，调整水资源规划方案，从而达到协调经济成本、系统效率和水资源供给安全之间的关系目的。

3.1.2　构建基于准市场化的行政区初始水权配置模型体系

在识别行政区人口分布及产业布局特点的基础上，按区域划对其用水特征进行量化表征，在此基础上，将水资源作为"准公共产品"，建立市场机制与宏观调控互动的准市场水权确权模式。一方面可以在政府调控的基础上保障区域居民饮水安全、粮食安全、生态用水安全及社会和谐；另一方面，将保障用水外的水资源进行市场化管理，通过市场及价值规律实现水资源配置效率/使用效率的提升。基于水效能的提高，进行用水许可的优化调减，从而获得激发水效能的初始水权，同时综合考虑地方产业发展方向，开展区域产业结构、规模优化调整研究，以水权确权为纽带，重塑区域经济产业结构及资源环境战略。基于准市场化的行政区初始水权配置模型如图 3.2 所示。

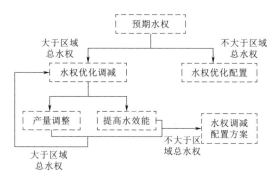

图 3.2　基于准市场化的行政区初始水权配置模型框图

辩证考虑市场配置以及政府调控过程，基于区域水量分配成果，深度计算农业、非农业、生活、生态等领域多用户初始水权细化配置决策方案。采用准市场化，首先要保证用水安全，生活用水是第一保障的，是政府调控的；在尊重历史的基础上，按目前产业发展、经济发展方向，基于水效能的提高，来进行调减，以获得最后初始水权。农业和工业是按市场价值规律来进行调减，应用区间两阶段随机优化方法，构建准市场化初始水权配置模型，建立两阶段准市场化水权配置模型应用资源配置最优化思想，充分考虑各行业经济数据不确切导致的区间不确定性，最终获得区间形式初始水权分配方案变量，区间两阶段基于准市场化的行政区初始水权配置模型如下：

$$\max f^{\pm} = \sum_i \sum_m B_{im}^{\pm} w_{im}^{\pm} - \sum_i \sum_m C_{im}^{\pm} Y_{im}^{\pm} \tag{3.1}$$

满足约束：

$$\sum_m w_{im}^{\pm} - \sum_m Y_{im}^{\pm} \leqslant q_i^{\pm} \tag{3.2}$$

$$\sum_i q_i^{\pm} \leqslant Q^{\pm} \tag{3.3}$$

$$w_{im\,\max} \geqslant w_{im}^{\pm} \geqslant Y_{im}^{\pm} \geqslant 0 \tag{3.4}$$

式中　i——领域，包括农业、工业、生态、生活；

　　　m——各行业内的用户；

　　　$B_{im}^{\pm}$——单位水权给用户带来的净收益；

　　　$w_{im}^{\pm}$——某个用户的预期水权，已知量；

　　　$C_{im}^{\pm}$——调减水权后给某用户带来的因水权不足损失；

　　　$Y_{im}^{\pm}$——调减的水权，决策变量；

　　　$q_i^{\pm}$——层次分析法得到的第 i 领域的初步优化分行业总水权；

　　　$Q^{\pm}$——区域实际可用水权。

3.2　基于差别化水价的农业初始水权配置

3.2.1　研究思路

在实际农业初始水权配置过程中，农业水权主要采取统一调度、水随地走等原则，但是由于用水许可和实际生产效率存在脱节问题，因此可能导致部分低效率灌区拥有大量水权，而新兴灌区因为水权过少无法提升规模化生产，导致大量的浪费及无效、低效配置水权行为；另外，由于农业水权价格普遍较低，在制定过程中无法反映社会经济发展、水利工程折旧及成本、水权需求的弹性，导致农业水权价格无法发挥优水节水的目标。因此，本部分主要从农业水权、水价两方面着手，构建基于差别化水价的农业初始水权配置。

（1）在水权配置方面，构建"准市场化"水权模型，使其最大程度上体现经济发展以及市场需求对水权分配的影响，并采用了两阶段规划来处理期望水权和实际水权及水权之间的矛头，通过实际水权对期望水权（根据之前的经验决策）的追索，实现水权配置的最优化。

（2）在"准市场化"水权模型中加入更为合理的水价定价体系。一方面，将政府制定的终端农业水价纳入到期望水权的收益中。但是，由于经济社会发展、农田水利工程折旧、农业规划等变化，现行农业水价不能完全反映动态的水价变化，而分配水量的价格弹性可以解决现行水价未考虑的因素，例如自然条件差异性、社会经济发展等，这里考虑了农作物生长期的水量需求、水价变动，水量变化（蒸发、降水）构建了农业水价与水资源需求模型，解决了不精确的水量需求，不精确的原始数据等影响因素。另一方面，通过经济杠杆的调节作用优化水资源的配置，调整分配水权以制定合理的农业用水水价，最后形成最优化的农业灌溉初始水权配置，使得系统收益最大化，农业用水量调减，促进农业用水户增强节水意识，达成节水优先、统筹兼顾的农业水价综合改革的目标。

综上，通过两阶段规划，实现了实际水权对期望水权（根据传统用水许可）的追索，同时也在水价上实现了修正、优化，从而使农业水权配置更为合理、科学。

与此同时，由于在优化过程中存许多不确定因素，如经济数据缺失、用水许可和实际情况脱节等因素的存在，因此，在模型构建过程中，一方面需要反映用水许可与实际情况脱节带来的经济惩罚间的复杂响应关系，另一方面也需要考虑将经济发展的不确定性和决策目标直接反映到优化过程和求解结果当中，最终获得区间形式决策变量，增加初始水权优化配置的科学性。所获得的水权初始分配方案可以帮助决策者在复杂的经济和系统制约条件下，根据区域实际情况，调整水资源规划方案，从而达到协调经济成本、系统效率和水资源供给安全之间的关系的目的。基于差别化水价的农业初始水权配置模型结构如图3.3所示。

3.2.2　构建差别化水价的农业初始水权配置模型体系

在差别化水价的农业初始水权配置模型体系统中，农业水资源期望水权仍然按照统一调度、水随地走等原则进行配置（作为第一阶段决策变量），但是考虑用水户收入、支出、社会经济发展等动态变化，引入"准市场化"原则，采用第二阶段水权调减量对第一阶段决策变量进行调整修正，从多因素调整后获得优化的农业灌溉水权配置。与此同时，第一阶段初始水权的价格仍按照传统的计价方式来进行计量，而第二阶段在此基础上，考虑到节约水权获得收益、节水水价、节水奖励、经济的发展、实际降水与用水弹性关系等多种因素的动

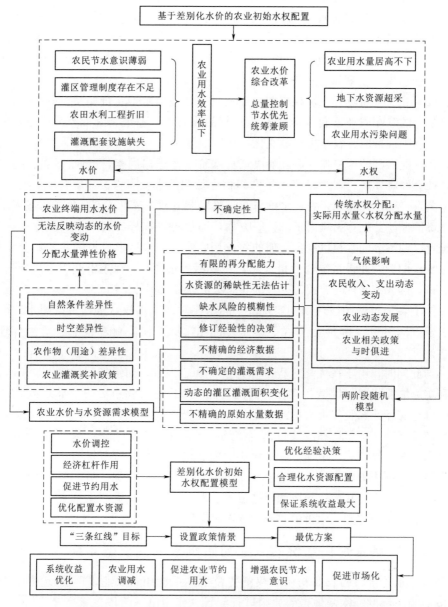

图 3.3　基于差别化水价的农业初始水权配置模型结构图

态变化，通过差别化水价的方式来调整农业水权价格，从而促进用水户增强节约用水意识，保证系统收益最大化。其中，在考虑节水过程中，还将节水工程的实际操作问题考虑到模型中。由于农业灌区最有效的节水措施就是灌溉渠道的衬砌，渠道衬砌可以很大程度上降低灌溉过程中的输水损失，并且极大地增加水流速度，使灌溉水可以快速、及时进入地块。因此，渠道衬砌率被纳入到模型中，其可以表示灌区农田水利工程完整度。而现行农业水价即现阶段农田水利工程结构下农业用水终端用水水价，在对初始水权分配中的灌溉水利用系数进行政策情景分析的过程中，在抬升灌溉水利用系数的同时，渠道衬砌率的增加等同于农业终端用水水价的增加，即单位水权节水成本（增加渠道衬砌率进行灌溉以节约用量而花费的成本），单位节水效益即节水水价，同时有政府给予一定的政策支持（相应的节水奖补）。灌区渠道衬砌率和灌溉水利用系数呈对数增长关系，当渠道衬砌率达一定程度时，灌溉水利用系数基本不增长，此时再增加衬砌投资并不合算。渠道衬砌节水效率依次以干渠、支渠、农渠和末级渠系逐渐降低。这里引入渠道衬砌率与灌溉水利用系数对数关系，增加节水措施的约束。因此，基于差别化水价的农业初始水权配置模型如下：

$$
\begin{aligned}
\max f^{\pm} &= \sum_{i=1}^{m} (G_{0i}^{\pm} - P_{0i}^{\pm}) wc_i^{\pm} - \sum_{i=1}^{m} (G_{1i}^{\pm} - P_{1i}^{\pm}) Yc_i^{\pm} + \sum_{i=1}^{m} T_i^{\pm} wo_i^{\pm} - \sum_{i=1}^{m} F_i^{\pm} Ye_i^{\pm} \\
&= \sum_{i=1}^{m} \{ G_{0i}^{\pm} - (qc^{\pm} / KR^{E_2} Z^{E_3})^{\frac{1}{E_{1i}}} \} wc_i^{\pm} - \sum_{i=1}^{m} (G_{1i}^{\pm} - P_{1i}^{\pm}) Yc_i^{\pm} \\
&\quad + \sum_{i=1}^{m} (P_{2i}^{\pm} + R_i^{\pm}) wo_i^{\pm} - \sum_{i=1}^{m} [(\lambda_{0i}^{\pm} - \lambda_{1i}^{\pm}) P_{1i}^{\pm}] Ye_i^{\pm}
\end{aligned}
\tag{3.5}
$$

满足约束：

$$
P_{1i}^{\pm} \leqslant P_{0i}^{\pm} \leqslant P_{\max}
\tag{3.6}
$$

$$
\lambda_{0i}^{\pm} \geqslant \lambda_{1i}^{\pm}
\tag{3.7}
$$

$$
\sum_{i=1}^{m} wc_i^{\pm} - \sum_{i=1}^{m} Yc_i^{\pm} \leqslant qc^{\pm}
\tag{3.8}
$$

$$
qc^{\pm} \leqslant Q^{\pm}
\tag{3.9}
$$

$$
wc_{i\max} \geqslant wc_i^{\pm} \geqslant Yc_i^{\pm} \geqslant 0
\tag{3.10}
$$

式中 i——某地区农业各灌区；

$\quad G_{0i}^{\pm}$——某地区农业各灌区预期单位水权产值；

$\quad G_{1i}^{\pm}$——某地区农业各灌区实际单位水权产值；

$\quad P_{0i}^{\pm}$——农业灌溉实际用水价格；

$\quad P_{1i}^{\pm}$——农业期望水权水价；

$\quad P_{\max}$——农民可承受水价最大值；

$\quad wc_i^{\pm}$——某个灌区的预期水权，已知量；

$\quad K$——常数；

$\quad R$——某地区年平均蒸发量；

$\quad E_2$——蒸发量弹性系数；

$\quad Z$——某地区年平均降水量（生长季降雨占全年 85%）；

E_3——降雨量弹性系数；

E_{1i}——水价弹性系数；

$Yc_i^\pm$——调减的水权；

$qc^\pm$——农业实际用水总量；

$Q^\pm$——农业实际可用水权，即扣除生态、生活、工业及预留水量的剩余部分；

$T_i^\pm$——单位水权节约所带来的效益；

$wo_i^\pm$——预期节约水权；

$F_i^\pm$——某地区各灌区单位水权节约成本；

$Ye_i^\pm$——第二阶段优化配置后的水权；

$P_{2i}^\pm$——预期节水水价；

$R_i^\pm$——节水奖补金额；

$\lambda_{0i}^\pm$——预期农业灌溉渠道衬砌率；

$\lambda_{1i}^\pm$——实际农业灌溉渠道衬砌率。

3.3　黑龙江省典型区水权优化配置研究（以虎林市为例）

3.3.1　研究思路

在辨识虎林自然、经济发展现状的基础上，对水量分配及对应的水能效现状进行分析；并结合"基于准市场化的行政区初始水权优化配置模型"和"基于差别化水价的农业初始水权配置模型"开展以下应用研究：

（1）以虎林市辖区为研究区域，在识别区域人口分布及产业布局特点的基础上，按行政区划对其用水特征进行量化表征；同时，根据历史观测数据辨识区域气候、降水情况，充分分析区域水资源分布的时空不确定性；并通过尺度耦合技术、区域网格分析、多元分析技术实现人-水系统互动耦合。在此基础上，将水资源作为"准公共产品"，建立市场机制与宏观调控互动的"准市场化"水权确权模式。一方面可以在政府调控的基础上保障区域居民饮水安全、粮食安全、生态安全及社会和谐；另一方面，将保障用水外的水资源进行市场化管理，通过市场及价值规律实现水资源配置效率/使用效率的提升。并引入绿色发展理念，构建"准市场化"水权优化配置模型；同时，综合考虑虎林产业发展方向，从水效能提升视角，开展区域产业结构、规模优化调整研究，以水权确权为纽带，重塑区域经济产业结构及资源环境战略。相关研究为水权确权、水权交易、生态文明建设、人水和谐奠定了良好的理论及数据基础。

（2）充分考虑虎林农业用水的问题（如农民节水意识薄弱、灌区管理制度不足，农业水价不合理等问题），通过将市场机制（水权优化）及价格手段结合的方式来构建差别化的初始水权配置模型，对原来县域农业多用户初始水权进行优化，技术路线如图 3.4 所示。其中，初始水权优化模型主要解决初始水权配置按照用水许可，而用水许可与现实情况不相符的问题，通过优化分解，使水权分配能够适应区域的经济发展规划及战略，使水资源的配置效率得以提升。而将农业水价综合改革嵌入到水权模型中，能够将充分体现农业工程的折旧、设备运行成本、用户承受、用水奖补等模型中。充分考虑现实情况中数据不确切为水资源管理系统带来的区间不确定性，一方面可以反映不确定参数与经济惩罚间的复杂响应关系，另一方面也可以把不确定性和决策目标直接反映到优化过程和求解结果当中，最终获得区间形式决策变量，增加初始水权优化配置的科学性。另外，在充分考虑初始水权的定价因素的基础上，获得水权初始分配方案，其可以帮助决策者在复杂的经济和系统制约条件下，根据区域实际情况，调整水资源规划方案，从而达到协调经济成本、系统效率和水资源供给安全之间的关系的目的。

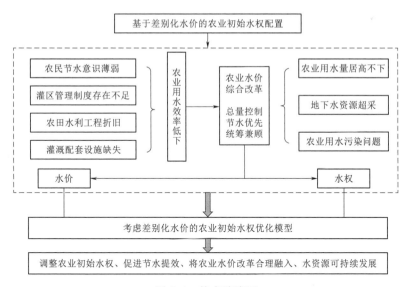

图 3.4　技术路线图

3.3.2　虎林市县域初始水权优化配置研究

3.3.2.1　行业水量分配现状

按照《水法》规定的水资源优化配置原则，虎林市初始水量分配按优先占用权配置如下：

（1）生活用水应优先分配并且完全保证。在现状年城镇居民人口和农村居民人口的基础上，充分考虑县域内人口变化以及社会经济和城镇化发展情况，结合城镇供水厂和农村供水工程的供水现状，依据黑龙江省地方标准《用水定额》（DB 23/T 727—2021），城镇居民生活 115L/（人·d）、农村居民生活 80L/（人·d），对生活用水进行水量分配。

（2）生态用水应优先分配并且完全保证。当地生态用水量以园林绿化等实际用水为主，经调查统计近 3 年平均值确定。

（3）预留水量取"三条红线"用水总量控制目标的 5％水量。

（4）非农业用水工业企业 296 个，其中 36 个有取水许可证的企业为水量分配主体。

（5）农业可分配水量是以行政区"三条红线"用水总量控制目标为可分配水量限制条件，扣除生活、生态、非农生产和预留水量的剩余水量。虎林市初始水量分配方案见表 3.1。

表 3.1　　　　　　　　　　　虎林市初始水量分配方案　　　　　　　单位：万 m³

类　别	初 始 水 量 分 配		
	地 表 水	地 下 水	合　计
"三条红线"用水总量控制指标	39700	36500	76200
生活水量	—	613.71	613.71
生态水量	13.87	44.92	58.79
工业水量	—	415.81	415.81
预留水量	1985	1825	3810
农业水量	37701.13	33600.56	71301.69

3.3.2.2　行业水能效分析

2017 年虎林市地区生产总值实现 134 亿 6844 万元，按可比价格计算，比上年增长 7.0％。其中，第一产业增加值 80 亿 4238 万元、增长 7.1％；第二产业增加值 16 亿 1540 万元、增长 4.9％；第三产业增加值 38 亿 1066 万元。

工业用水户涉及多个行业，用水效能差异很大（图 3.5）。例如：$m=6$（$m=1\sim36$，表示虎林市各工业用水企业共 36 家，每个序号分别代表一家用水企业）对应虎林市金水何洗浴有限公司，$m=7$ 对应虎林市大众休闲洗浴，$m=23$ 对应虎林市蓝水湾休闲洗浴中心，三个用户的单位 GDP 用水约为 20 元/m³，较其他工业用水户偏低。$m=21$ 表示黑龙江乌苏里江制药有限公司单位 GDP 用水为 1040 元/m³。

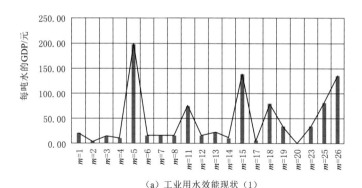

（a）工业用水效能现状（1）

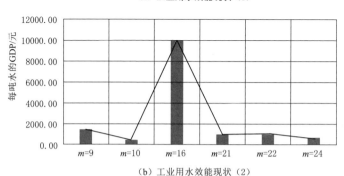

（b）工业用水效能现状（2）

图 3.5 虎林市工业用水效能现状

大、中型灌区和五小工程农业用水户之间的水效能也存在差别。例如：四个中型灌区（$n=2$ 对应虎头灌区，$n=3$ 对应石头河灌区，$n=4$ 对应大西南岔灌区，$n=5$ 对应阿北灌区，$n=1\sim21$，表示虎林市各农业灌区，共有 21 处，每个序号分别代表一处灌区）单位用水产生的 GDP 接近为 1.5 元/m³，但与大型灌区（$n=1$ 对应虎林灌区）相比差异较为明显，虎林灌区农业用水效能接近2.5 元/m³；"五小水利"工程单位用水产生的 GDP 普遍高于五个灌区，并且"五小水利"工程之间单位用水产生的 GDP 也存在差异，$n=11$ 对应伟光乡，$n=16$ 对应迎春镇，$n=17$ 对应月牙良种场，这三个用户的单位用水 GDP 超过 4 元/m³，而 $n=15$ 对应的东方红镇为 2.20 元/m³，差异将近 1 倍。如图 3.6 所示。

3.3.2.3 虎林市县域初始水权配置

1. 基于最严格水资源管理的政策情景设置

三条红线用水总量严格控制下，在保障生态、生活、预留水量、用水总量调减的情况下，工业和农业用水总量成为考核的主要指标。设置 10 种政策情景，依次为当前可用水量的 99%、98%、97%、95%、94%、92%、91%、90%、88%、80%。不同政策情境情景下生活、生态、预留水量的考核指标不变，

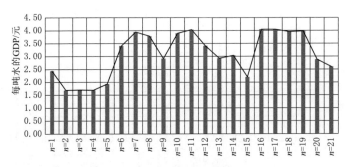

图 3.6　虎林市农业用水效能现状

工业用水总量的考核指标依次为 411.66 万 m³、407.50 万 m³、403.34 万 m³、395.02 万 m³、390.86 万 m³、382.55 万 m³、378.39 万 m³、374.23 万 m³、365.92 万 m³、332.65 万 m³；农业用水总量的考核指标依次为 70588.6733 万 m³、69875.6564 万 m³、69162.64 万 m³、67736.61 万 m³、67023.59 万 m³、65597.56 万 m³、64884.54 万 m³、64171.52 万 m³、62745.49 万 m³、57041.36 万 m³。

政策情景设置为工业、农业可用水量为当前可用水量的 99％ 时，工业、农业调减水量均为当前可用水量的 1％，考核指标为工业用水总量、农业调减水量。控制用水总量的条件下，考虑各个工业用户、农业用户不同的用水收益和缺水惩罚，通过区间两阶段优化的方法确定各用户应承担的调减水量，将考核指标细化，落实到各个用水用户。

十种政策情景的设置调减水量依次递增，符合水资源管理"三条红线"的要求，随着时间的推移，严控用水总量，调减水量增多用水总量减少，各工业、农业用户的用水许可随之变动。政策情景设置为工业、农业可用水量为当前可用的 90％ 时，工业、农业调减水量均为当前可用水量的 10％，调减总水量较大时，考虑工业用户各行业之间的差异，农业各用户水利基础设施之间的差异，保障各用户能够经营，各工业用户的调减水量不超过其期望水量的 20％，各农业用户的调减水量不超过其期望水量的 10％。实际情况中仅在市场机制的作用下，用水效率低的用户其调减水量的比例更大，只能选择在水权市场上买入高价水或者选择处理过的污水等。设置不同的政策情景，得出在不同的用水总量状况下，各工业、农业用户在市场机制作用下用水许可的变化。

2. 准市场化的初始水权优化配置

借助区间两阶段规划方法，通过求解准市场化初始水权配置模型对虎林市工业、农业用户水权进行再分配。在实行最严格水资源管理制度框架下，对区域用水总量控制设置 10 种政策情景，依次为用水总量控制指标的 80％、

88％、90％、91％、92％、94％、95％、97％、98％及99％，通过情景分析，在未来用水总量降低条件下模拟虎林市工业、农业各用水户水权收益及调减方案。结果显示，上界的系统用户带来较高的收益，同时缺水惩罚较高；而下界各用户收益低，会导致低的缺水惩罚。因此，需要权衡惩罚风险与收益的关系。

工业方面，$m=1$ 对应虎林市好时光商务酒店，$m=2$ 对应虎林市治富糖化畜牧养殖有限公司，$m=3$ 对应虎林市宏达禽畜屠宰加工厂，$m=4$ 对应虎林市绿都凯北米业有限责任公司，$m=5$ 对应虎林市汇宾饮料厂，$m=6$ 对应虎林市金水何洗浴有限公司，$m=7$ 对应虎林市大众休闲洗浴，$m=8$ 对应虎林市特殊教育学校，$m=9$ 对应虎林市新虎林粮库有限公司，$m=10$ 对应虎林娃哈哈饮料有限公司，$m=11$ 对应虎林市金谷米业有限公司，$m=12$ 对应虎林市富源水泥制品厂，$m=13$ 对应黑龙江中储粮虎林直属库，$m=14$ 对应虎林市宏爽水泥制品经销处，$m=15$ 对应黑龙江清河泉生物质能源热电有限公司，$m=16$ 对应虎林市殡仪馆，$m=17$ 对应黑龙江省牡丹江农垦北方水泥有限公司虎林分公司，$m=18$ 对应虎林市虎笑饮品有限公司，$m=19$ 对应虎林市示范林场，$m=20$ 对应虎林娃哈哈乳品有限公司，$m=21$ 对应黑龙江乌苏里江制药有限公司，$m=22$ 对应虎林市双叶木业有限责任公司，$m=23$ 对应虎林市蓝水湾休闲洗浴中心，$m=24$ 对应虎林吉隆燃气有限公司，$m=25$ 对应虎林市中建伟业混凝土搅拌有限公司，$m=26$ 对应虎林市运输有限公司。另外考虑到如果对医院、学校等用户单纯考虑用水净收益而忽略其给社会带来的福利效应，缺乏合理性，因此在运转模型之前剔除的用户按照固定比例调减其水权，该部分用户包括：$m=27$ 对应的虎林市永祥商城，$m=28$ 对应的哈尔滨铁路局牡丹江房产建筑段虎林综合车间，$m=29$ 对应的虎林市林业局，$m=30$ 对应的虎林市人民医院，$m=31$ 对应虎林油库，$m=32$ 对应的国网黑龙江省电力有限公司鸡西供电公司，$m=33$ 对应的虎林市宏冠冷库，$m=34$ 对应的虎林市第一小学，$m=35$ 对应的虎林市自来水公司，$m=36$ 对应的虎林市第二中学。虎林市工业用户只使用地下水，故基于地下水可用水量进行分配。

农业方面，$n=1$ 对应虎林灌区，$n=2$ 对应虎头灌区，$n=3$ 对应石头河灌区，$n=4$ 对应大西南岔灌区，$n=5$ 对应阿北灌区，$n=6$ 对应杨岗镇，$n=7$ 对应宝东镇，$n=8$ 对应虎林镇，$n=9$ 对应东诚镇，$n=10$ 对应新乐乡，$n=11$ 对应伟光乡，$n=12$ 对应虎头镇，$n=13$ 对应珍宝岛，$n=14$ 对应阿北乡，$n=15$ 对应东方红镇，$n=16$ 对应迎春镇，$n=17$ 对应月牙良种场，$n=18$ 对应大王家奶牛场，$n=19$ 对应富荣村种畜厂，$n=20$ 对应水利局，$n=21$ 对应林业局。虎林市"准市场"化初始水权配置模型各农业、工业水权调减量（对初始水权的调整数值）计算结果见表3.2～表3.4。

表 3.2　政策情景下虎林市非农业用水户用水总量控制方案

非农业用水户	10 种政策情景的用水总量/万 m³									
	80%	88%	90%	91%	92%	94%	95%	97%	98%	99%
m=1	[1.71, 1.8]	[0.99, 1.08]	[0.81, 0.9]	[0.72, 0.81]	[0.63, 0.72]	[0.45, 0.54]	[0.36, 0.45]	[0.18, 0.27]	[0.09, 0.18]	[0.01, 0.09]
m=2	[0.1, 0.108]	[0.06, 0.0648]	[0.05, 0.054]	[0.04, 0.0486]	[0.04, 0.0432]	[0.03, 0.0324]	[0.02, 0.027]	[0.01, 0.0162]	[0.01, 0.0108]	[0, 0.0054]
m=3	[0.1, 0.108]	[0.06, 0.0648]	[0.05, 0.054]	[0.04, 0.0486]	[0.04, 0.0432]	[0.03, 0.0324]	[0.02, 0.027]	[0.01, 0.0162]	[0.01, 0.0108]	[0, 0.0054]
m=4	[0.17, 0.18]	[0.1, 0.108]	[0.08, 0.09]	[0.07, 0.081]	[0.06, 0.072]	[0.05, 0.054]	[0.04, 0.045]	[0.02, 0.027]	[0.01, 0.018]	[0, 0.009]
m=5	[0.68, 0.72]	[0.4, 0.432]	[0.32, 0.36]	[0.29, 0.324]	[0.25, 0.288]	[0.18, 0.216]	[0.14, 0.18]	[0.07, 0.108]	[0.04, 0.072]	[0, 0.036]
m=6	[0.17, 0.18]	[0.1, 0.108]	[0.08, 0.09]	[0.07, 0.081]	[0.06, 0.072]	[0.05, 0.054]	[0.04, 0.045]	[0.02, 0.027]	[0.01, 0.018]	[0, 0.009]
m=7	[0.17, 0.18]	[0.1, 0.108]	[0.08, 0.09]	[0.07, 0.081]	[0.06, 0.072]	[0.05, 0.054]	[0.04, 0.045]	[0.02, 0.027]	[0.01, 0.018]	[0, 0.009]
m=8	[0.02, 0.018]	[0.01, 0.0108]	[0.01, 0.009]	[0.01, 0.0081]	[0.01, 0.0072]	[0, 0.0054]	[0, 0.0045]	[0, 0.0027]	[0, 0.0018]	[0, 0.0009]
m=9	[0, 0]	[0, 0]	[0, 0]	[0, 0]	[0, 0]	[0, 0]	[0, 0]	[0, 0]	[0, 0]	[0, 0]
m=10	[3.42, 3.6]	[1.98, 2.16]	[1.62, 1.8]	[0.22, 0.22332]	[0, 0]	[0, 0]	[0, 0]	[0, 0]	[0, 0]	[0, 0]
m=11	[0.26, 0.27]	[0.15, 0.162]	[0.12, 0.135]	[0.11, 0.1215]	[0.09, 0.108]	[0.07, 0.081]	[0.05, 0.0675]	[0.03, 0.0405]	[0.01, 0.027]	[0, 0.0135]
m=12	[0.03, 0.036]	[0.02, 0.0216]	[0.02, 0.018]	[0.01, 0.0162]	[0.01, 0.0144]	[0.01, 0.0108]	[0.01, 0.009]	[0, 0.0054]	[0, 0.0036]	[0, 0.0018]
m=13	[0.34, 0.36]	[0.2, 0.216]	[0.16, 0.18]	[0.14, 0.162]	[0.13, 0.144]	[0.09, 0.108]	[0.07, 0.09]	[0.04, 0.054]	[0.02, 0.036]	[0, 0.018]
m=14	[0.02, 0.018]	[0.01, 0.0108]	[0.01, 0.009]	[0.01, 0.0081]	[0.01, 0.0072]	[0, 0.0054]	[0, 0.0045]	[0, 0.0027]	[0, 0.0018]	[0, 0.0009]
m=15	[24.73, 24.7316]	[5.58, 5.58376]	[0.8, 0.7968]	[0, 0]	[0, 0]	[0, 0]	[0, 0]	[0, 0]	[0, 0]	[0, 0]
m=16	[0, 0]	[0, 0]	[0, 0]	[0, 0]	[0, 0]	[0, 0]	[0, 0]	[0, 0]	[0, 0]	[0, 0]
m=17	[0.17, 0.18]	[0.1, 0.108]	[0.08, 0.09]	[0.07, 0.081]	[0.06, 0.072]	[0.05, 0.054]	[0.04, 0.045]	[0.02, 0.027]	[0.01, 0.018]	[0, 0.009]
m=18	[1.71, 1.8]	[0.99, 1.08]	[0.81, 0.9]	[0.72, 0.81]	[0.63, 0.72]	[0.45, 0.54]	[0.36, 0.45]	[0.18, 0.27]	[0.09, 0.18]	[0.01, 0.09]

续表

非农业用水户	10种政策情景的用水总量/万 m³									
	80%	88%	90%	91%	92%	94%	95%	97%	98%	99%
m=19	[0.1, 0.108]	[0.06, 0.0648]	[0.05, 0.054]	[0.04, 0.0486]	[0.04, 0.0432]	[0.03, 0.0324]	[0.02, 0.027]	[0.01, 0.0162]	[0.01, 0.0108]	[0, 0.0054]
m=20	[0.86, 0.9]	[0.5, 0.54]	[0.41, 0.45]	[0.36, 0.405]	[0.32, 0.36]	[0.23, 0.27]	[0.18, 0.225]	[0.09, 0.135]	[0.05, 0.09]	[0, 0.045]
m=21	[0, 0]	[0, 0]	[0, 0]	[0, 0]	[0, 0]	[0, 0]	[0, 0]	[0, 0]	[0, 0]	[0, 0]
m=22	[0, 0]	[0, 0]	[0, 0]	[0, 0]	[0, 0]	[0, 0]	[0, 0]	[0, 0]	[0, 0]	[0, 0]
m=23	[0.05, 0.054]	[0.03, 0.0324]	[0.02, 0.027]	[0.02, 0.0243]	[0.02, 0.0216]	[0.01, 0.0162]	[0.01, 0.0135]	[0.01, 0.0081]	[0, 0.0054]	[0, 0.0027]
m=24	[0, 0]	[0, 0]	[0, 0]	[0, 0]	[0, 0]	[0, 0]	[0, 0]	[0, 0]	[0, 0]	[0, 0]
m=25	[0.51, 0.54]	[0.3, 0.324]	[0.24, 0.27]	[0.22, 0.243]	[0.19, 0.216]	[0.14, 0.162]	[0.11, 0.135]	[0.05, 0.081]	[0.03, 0.054]	[0, 0.027]
m=26	[0.08, 0.0864]	[0.05, 0.05184]	[0.04, 0.0432]	[0.03, 0.03888]	[0.03, 0.03456]	[0.02, 0.02592]	[0.02, 0.0216]	[0.01, 0.01296]	[0, 0.00864]	[0, 0.00432]
m=27	[0.057, 0.06]	[0.0342, 0.036]	[0.029, 0.03]	[0.026, 0.027]	[0.023, 0.024]	[0.017, 0.018]	[0.014, 0.015]	[0.009, 0.009]	[0.006, 0.006]	[0.003, 0.003]
m=28	[5.32, 5.6]	[3.192, 3.36]	[2.66, 2.8]	[2.394, 2.52]	[2.128, 2.24]	[1.596, 1.68]	[1.33, 1.4]	[0.798, 0.84]	[0.532, 0.56]	[0.266, 0.28]
m=29	[0.95, 1]	[0.57, 0.6]	[0.475, 0.5]	[0.428, 0.45]	[0.38, 0.4]	[0.285, 0.3]	[0.238, 0.25]	[0.143, 0.15]	[0.095, 0.1]	[0.048, 0.05]
m=30	[1.9, 2]	[1.14, 1.2]	[0.95, 1]	[0.855, 0.9]	[0.76, 0.8]	[0.57, 0.6]	[0.475, 0.5]	[0.285, 0.3]	[0.19, 0.2]	[0.095, 0.1]
m=31	[0.038, 0.04]	[0.0228, 0.024]	[0.019, 0.02]	[0.017, 0.018]	[0.015, 0.016]	[0.011, 0.012]	[0.01, 0.01]	[0.006, 0.006]	[0.004, 0.004]	[0.002, 0.002]
m=32	[0.057, 0.06]	[0.0342, 0.036]	[0.029, 0.03]	[0.026, 0.027]	[0.023, 0.024]	[0.017, 0.018]	[0.014, 0.015]	[0.009, 0.009]	[0.006, 0.006]	[0.003, 0.003]
m=33	[0.38, 0.4]	[0.228, 0.24]	[0.19, 0.2]	[0.171, 0.18]	[0.152, 0.16]	[0.114, 0.12]	[0.095, 0.1]	[0.057, 0.06]	[0.038, 0.04]	[0.019, 0.02]
m=34	[0.285, 0.3]	[0.171, 0.18]	[0.143, 0.15]	[0.128, 0.135]	[0.114, 0.12]	[0.086, 0.09]	[0.071, 0.075]	[0.043, 0.045]	[0.029, 0.03]	[0.014, 0.015]
m=35	[13.648, 14.367]	[8.819, 8.62]	[6.824, 7.183]	[6.142, 6.465]	[5.459, 5.747]	[4.094, 4.31]	[3.412, 3.592]	[2.047, 2.155]	[1.365, 1.437]	[0.682, 0.718]
m=36	[0.209, 0.22]	[0.1254, 0.132]	[0.105, 0.11]	[0.094, 0.099]	[0.084, 0.088]	[0.063, 0.066]	[0.052, 0.055]	[0.031, 0.033]	[0.021, 0.022]	[0.01, 0.011]

表 3.3

政策情景下虎林市农业地表用水用水总量控制方案

10 种政策情景的用水总量/万 m³

农业用水户	80%	85%	90%	91%	92%	94%	95%	97%	98%	99%
$n=1$	[1483.25, 1812.33]	[1336.68, 1359.25]	[0, 161.12]	[0, 0]	[0, 0]	[0, 0]	[0, 0]	[0, 0]	[0, 0]	[0, 0]
$n=2$	[249.43, 250.68]	[184.89, 188.01]	[122.85, 125.34]	[110.44, 112.81]	[98.03, 100.27]	[73.21, 75.2]	[60.8, 62.67]	[35.99, 37.6]	[23.58, 25.07]	[0, 12.53]
$n=3$	[239.46, 240.66]	[177.5, 180.5]	[117.94, 120.33]	[106.02, 108.3]	[94.11, 96.26]	[70.28, 72.2]	[58.37, 60.17]	[34.55, 36.1]	[22.14, 24.07]	[0, 12.03]
$n=4$	[587.09, 590.04]	[435.18, 442.53]	[289.15, 295.02]	[259.94, 265.52]	[230.74, 236.02]	[172.32, 177.01]	[143.11, 147.51]	[84.7, 88.51]	[55.49, 59]	[0, 29.5]
$n=5$	[643.63, 646.87]	[477.1, 485.15]	[317, 323.43]	[284.98, 291.09]	[248.03, 258.75]	[165.19, 194.06]	[123.77, 161.72]	[40.93, 97.03]	[0, 64.69]	[0, 32.34]
$n=6$	[0, 0]	[0, 0]	[0, 0]	[0, 0]	[0, 0]	[0, 0]	[0, 0]	[0, 0]	[0, 0]	[0, 0]
$n=7$	[0, 0]	[0, 0]	[0, 0]	[0, 0]	[0, 0]	[0, 0]	[0, 0]	[0, 0]	[0, 0]	[0, 0]
$n=8$	[0, 0]	[0, 0]	[0, 0]	[0, 0]	[0, 0]	[0, 0]	[0, 0]	[0, 0]	[0, 0]	[0, 0]
$n=9$	[0, 0]	[0, 0]	[0, 0]	[0, 0]	[0, 0]	[0, 0]	[0, 0]	[0, 0]	[0, 0]	[0, 0]
$n=10$	[0, 0]	[0, 0]	[0, 0]	[0, 0]	[0, 0]	[0, 0]	[0, 0]	[0, 0]	[0, 0]	[0, 0]
$n=11$	[0, 0]	[0, 0]	[0, 0]	[0, 0]	[0, 0]	[0, 0]	[0, 0]	[0, 0]	[0, 0]	[0, 0]
$n=12$	[0, 0]	[0, 0]	[0, 0]	[0, 0]	[0, 0]	[0, 0]	[0, 0]	[0, 0]	[0, 0]	[0, 0]
$n=13$	[0, 0]	[0, 0]	[0, 0]	[0, 0]	[0, 0]	[0, 0]	[0, 0]	[0, 0]	[0, 0]	[0, 0]
$n=14$	[0, 0]	[0, 0]	[0, 0]	[0, 0]	[0, 0]	[0, 0]	[0, 0]	[0, 0]	[0, 0]	[0, 0]
$n=15$	[426.31, 428.45]	[316, 321.34]	[182.25, 214.23]	[4.48, 192.8]	[0, 171.38]	[0, 128.54]	[0, 107.11]	[0, 64.27]	[0, 42.85]	[0, 0]
$n=16$	[0, 0]	[0, 0]	[0, 0]	[0, 0]	[0, 0]	[0, 0]	[0, 0]	[0, 0]	[0, 0]	[0, 0]
$n=17$	[0, 0]	[0, 0]	[0, 0]	[0, 0]	[0, 0]	[0, 0]	[0, 0]	[0, 0]	[0, 0]	[0, 0]
$n=18$	[0, 0]	[0, 0]	[0, 0]	[0, 0]	[0, 0]	[0, 0]	[0, 0]	[0, 0]	[0, 0]	[0, 0]
$n=19$	[0, 0]	[0, 0]	[0, 0]	[0, 0]	[0, 0]	[0, 0]	[0, 0]	[0, 0]	[0, 0]	[0, 0]
$n=20$	[0, 0]	[0, 0]	[0, 0]	[0, 0]	[0, 0]	[0, 0]	[0, 0]	[0, 0]	[0, 0]	[0, 0]
$n=21$	[0, 236.85]	[14.24, 177.64]	[0, 0]	[0, 0]	[0, 0]	[0, 0]	[0, 0]	[0, 0]	[0, 0]	[0, 0]

表3.4 政策情景下虎林市农业地下水用水总量控制方案

10种政策情景用水总量/万 m³

农业用水户	80%	85%	90%	91%	92%	94%	95%	97%	98%	99%
$n=1$	[446.53, 448.78]	[331, 336.58]	[219.92, 224.39]	[197.71, 201.95]	[175.49, 179.51]	[131.07, 134.63]	[108.85, 112.19]	[0, 67.32]	[0, 44.88]	[0, 22.44]
$n=2$	[0, 0]	[0, 0]	[0, 0]	[0, 0]	[0, 0]	[0, 0]	[0, 0]	[0, 0]	[0, 0]	[0, 0]
$n=3$	[0, 0]	[0, 0]	[0, 0]	[0, 0]	[0, 0]	[0, 0]	[0, 0]	[0, 0]	[0, 0]	[0, 0]
$n=4$	[0, 0]	[0, 0]	[0, 0]	[0, 0]	[0, 0]	[0, 0]	[0, 0]	[0, 0]	[0, 0]	[0, 0]
$n=5$	[0, 0]	[0, 0]	[0, 0]	[0, 0]	[0, 0]	[0, 0]	[0, 0]	[0, 0]	[0, 0]	[0, 0]
$n=6$	[370.31, 372.17]	[274.5, 279.13]	[0, 0]	[0, 0]	[0, 0]	[0, 0]	[0, 0]	[0, 0]	[0, 0]	[0, 0]
$n=7$	[0, 0]	[0, 0]	[0, 0]	[0, 0]	[0, 0]	[0, 0]	[0, 0]	[0, 0]	[0, 0]	[0, 0]
$n=8$	[0, 0]	[0, 0]	[0, 0]	[0, 0]	[0, 0]	[0, 0]	[0, 0]	[0, 0]	[0, 0]	[0, 0]
$n=9$	[363.02, 364.84]	[269.09, 273.63]	[178.79, 182.42]	[160.73, 164.18]	[142.67, 145.94]	[106.55, 109.45]	[88.49, 91.21]	[0, 0]	[0, 0]	[0, 0]
$n=10$	[0, 0]	[0, 0]	[0, 0]	[0, 0]	[0, 0]	[0, 0]	[0, 0]	[0, 0]	[0, 0]	[0, 0]
$n=11$	[798.13, 802.14]	[446, 601.6]	[0, 0]	[0, 0]	[0, 0]	[0, 0]	[0, 0]	[0, 0]	[0, 0]	[0, 0]
$n=12$	[494.82, 497.31]	[366.79, 372.98]	[243.71, 248.65]	[219.09, 223.79]	[194.47, 198.92]	[145.24, 149.19]	[120.62, 124.33]	[0, 0]	[0, 0]	[0, 0]
$n=13$	[974.07, 978.97]	[722.04, 734.23]	[324.29, 489.48]	[284.72, 440.54]	[245.14, 391.59]	[166, 293.69]	[126.42, 244.74]	[0, 0]	[0, 0]	[0, 0]
$n=14$	[63.26, 63.58]	[46.89, 47.68]	[31.16, 31.79]	[28.01, 28.61]	[24.86, 25.43]	[18.57, 19.07]	[15.42, 15.89]	[0, 9.54]	[0, 6.36]	[0, 3.18]
$n=15$	[18.47, 0]	[0, 0]	[0, 0]	[0, 0]	[0, 0]	[0, 0]	[0, 0]	[0, 0]	[0, 0]	[0, 0]
$n=16$	[0, 0]	[0, 0]	[0, 0]	[0, 0]	[0, 0]	[0, 0]	[0, 0]	[0, 0]	[0, 0]	[0, 0]
$n=17$	[0, 0]	[0, 0]	[0, 0]	[0, 0]	[0, 0]	[0, 0]	[0, 0]	[0, 0]	[0, 0]	[0, 0]
$n=18$	[0, 0]	[0, 0]	[0, 0]	[0, 0]	[0, 0]	[0, 0]	[0, 0]	[0, 0]	[0, 0]	[0, 0]
$n=19$	[55.61, 55.89]	[41.22, 41.92]	[27.39, 27.95]	[24.62, 25.15]	[21.86, 22.36]	[16.32, 16.77]	[13.56, 13.97]	[0, 0]	[0, 0]	[0, 0]
$n=20$	[110.39, 110.94]	[81.83, 83.21]	[54.37, 55.47]	[48.88, 49.92]	[43.38, 44.38]	[32.4, 33.28]	[26.91, 27.74]	[0, 16.64]	[0, 11.09]	[0, 5.55]

为工业上下界用水调减量如图 3.7 所示。从非农业业用户来看，初始分配总水权为 415.8132 万 m³，其中虎林市永祥商城、哈尔滨铁路局牡丹江房产建筑段虎林综合车间、虎林市林业局、虎林市人民院、虎林油库、国网黑龙江省电力有限公司鸡西供电公司、虎林市宏冠冷库、虎林市第一小学、虎林市自来水公司、虎林市第二中学按情景设置的比例调减水权，可分配水权为 295.58 万 m³，其余 26 家工业企业用户基于上述水权参与确权，由于用水户众多，图 3.7 中仅展示有代表性的 10 位用户在 5 种情景下的调减水量。

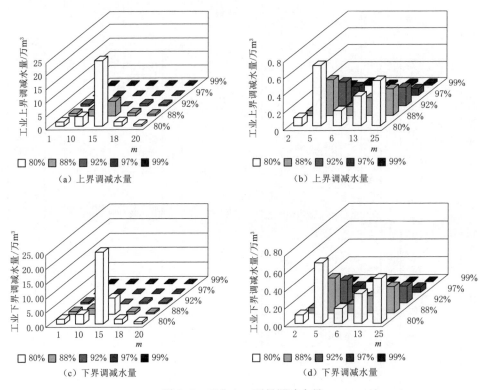

图 3.7 工业上、下界调减水量

由图可以看出，在情景 1～10 需要调减的总水权依次减少，在综合考虑用水收益和缺水惩罚的基础上，以系统收益最大化为目标，得出不同情景下虎林市各个工业用水户工业水权调减数值。其中，一些用水户（$m=15$、$m=10$、$m=18$、$m=1$、$m=20$）调减水量较大，不同情境下调减量波动较大，单独作图以便于观察趋势，如黑龙江清河泉生物质能源热电有限公司（$m=15$）由于其初始分配水权最大，占据工业可分配水权的一半以上，因此在 80% 情景中当总调减水量较大时，该用水户的调减水量为 24.73m³ 才能满足总的调减水量达到 20% 的情景设定，使预期总水权达到系统收益的最大化。而在

91％及之后的情景中当总调减水量较小时，由于黑龙江清河泉生物质能源热电有限公司（$m=15$）单位用水收益较好，其预期水权会优先得到满足，调减水量为 0.00m³；虎林市殡仪馆（$m=16$）、黑龙江乌苏里江制药有限公司（$m=21$）、虎林市双叶木业有限责任公司（$m=22$）、虎林吉隆燃气有限公司（$m=24$）因其收益可观，期望水量合理，在任何情境下调减水量均为 0，图中未展示，将在后续图中予以解释。

图 3.8 展示了工业总水权分别为原来的 80％、88％、92％、97％、99％时，各工业用户在接受水量调减后的实际用水量（分上下界），实际用水量与用户期望水权相差不超过 20％。

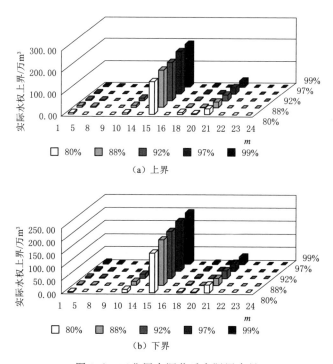

（a）上界

（b）下界

图 3.8　工业用水调节后实际用水量

图 3.9 展示了在不同情景下，工业总水权分别为原来的 80％、88％、92％、97％、99％时，选取部分典型用户调减水权后的实际情况。第一种情况是不同情景下用户的实际水权始终在高位，调减水权始终在低位（$m=16$、$m=21$、$m=22$、$m=24$）。也就是说用户用水需求较大，但由于用户的单位用水收益十分突出，八种情景下调减水量始终为零的用户。例如：黑龙江乌苏里江制药有限公司（$m=21$）的初始分配水权为工业可分配总水权的 1/10 以上在工业用户总水权中占据了比较大的权重，但该用户的单位用水

收益能够达到千元以上，因此即使该用户的用水需求较大，仍然会得到满足，在不同情景下调减水权始终为 0。第二种情况是不同情景下用户的实际水权、调减水权都在高位但存在较大波动（$m=1$、$m=15$、$m=18$、$m=20$）。该类用户的用水需求很大，并且用户的单位用水收益较好，当总调减水量较少时，调减其他用水收益较差的用户，总的调减水量就能够得到满足。随着总的调减水量的增多，由于该类用户的期望水权较大，即使其用水收益较好，也必须调减一定的水量才能够使总的调减水量得到满足。例如：黑龙江清河泉生物质能源热电有限公司（$m=15$）需调减的水权在不同情景波动较大，总水权为原来 80%、88%、92%、97%、99% 时，该用户调减水量区间分别为 [24.730，24.731] 万 m³、[5.580，5.583] 万 m³、[0.00，0.00] 万 m³、[0.00，0.00] 万 m³、[0.00，0.00] 万 m³。其原因就在于该用户初始分配水权最大，占据工业可分配水权的一半以上，因此在 80% 情景中当总调减水量较大时，该用户的调减水量为 [24.730，24.731] 万 m³ 才能满足总的调减水量达到 10% 的情景设定，使预期总水权达到系统收益的最大化。而在 92%、97%、99% 情景中当总调减水量较小时，由于黑龙江清河泉生物质能源热电有限公司（$m=15$）单位用水收益较好，其预期水权会优先得到满足，调减水量为 0.00 万 m³。第三种情况是不同情景下用户的实际水权和调减水权都在低位，该类用户的预期水权本身较小，单位用水收益较差，当总调减水量较小时，由于该类用户的单位用水收益差，其预期水权不能被满足，会调减部分用水量。随着总的调减水量的增多，因为要综合考虑到系统总收益，使该类用户不至停业，故为该类用户的调减水量设置了上限，该类用户在 8 种情景下，调减水权变化幅度较小（$m=8$、$m=14$、$m=23$ 等）。例如 $m=8$ 对应的虎林市金水何洗浴有限公司、$m=14$ 对应的黑龙江中储粮虎林直属库、$m=23$ 对应的虎林市蓝水湾休闲洗浴中心用水收益小，因此在不同情景下用户调减水量变化较小。第四种情况是不同情景下实际水权和调减水权都在低位但存在较小的波动。该类用户的用水需求本身较小，其单位用水收益处于所有的中游水平，当总的调减水量较小时，由于该类用户单位用水收益不差，其用水需求会被满足，随着总的调减水量增多，该类用户的用水量会被调减以达到总水量的调减目标。例如，$m=10$ 对应的虎林娃哈哈饮料有限公司在总水权为原来 92%、97%、99% 的情景下调减水权 0.00 万 m³，在总水权为原来 80%、88% 情景下调减水权区间为 [3.42，3.6] 万 m³、[1.98，2.16] 万 m³。

图 3.10 和图 3.11 展示了农业地表水及地下水调减水量。考虑实际情况农业用户的调减水量不超过期望用水量的 10%，因此原来期望用水量较大的用户，调减水量所占比重仍旧较大。

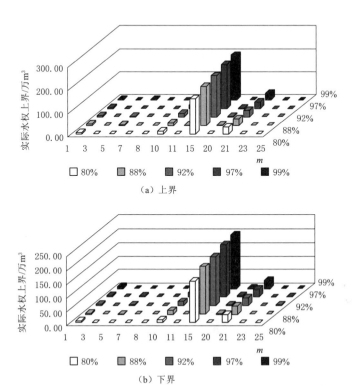

（a）上界

（b）下界

图 3.9 部分工业用户用水调减后实际量

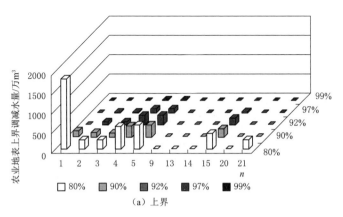

（a）上界

图 3.10（一） 农业地表用水调减量

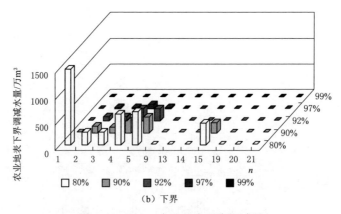

图 3.10（二）　农业地表用水调减量

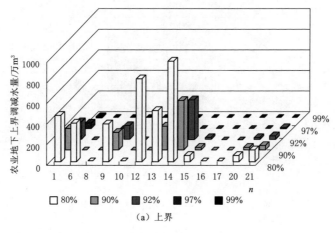

（a）上界

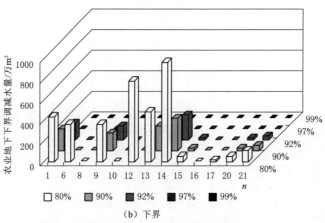

（b）下界

图 3.11　农业地下用水调减量

图 3.12 和图 3.13 展示了农业地表水及地下水调减后实际用水量。考虑实际情况农业用户的调减水量不超过期望用水量的 10%，因此原来期望用水量较大的用户，调减后实际用水量仍然在水权中占据较大的比例。农业用户中虎头灌区、石头河灌区、大西南岔灌区、阿北灌区 4 个中型灌区使用地表水灌溉，迎春镇和月牙良种场 2 个"五小水利"工程使用地下水灌溉。其他农业用户，虎林灌区、杨岗镇、宝东镇、虎林镇、东诚镇、新乐乡、伟光乡、虎头镇、珍宝岛、阿北乡、东方红镇、大王家奶牛场、富荣村种畜厂、水利局、林业局同时使用地表水及地下水灌溉。

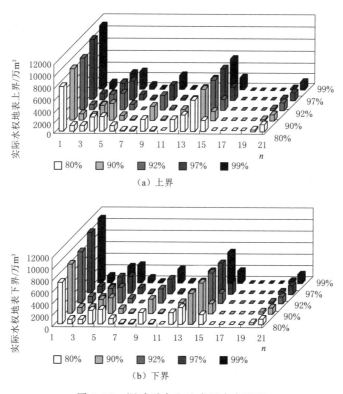

图 3.12 调减后农业地表用水实际量

图 3.14 和图 3.15 展示了部分农业用户调减后实际分配水量。与工业用户相比，农业用户单位用水收益差异较为平缓，用户的调减情况不像工业用户那样复杂。图 3.14（a）表示的是部分典型农业用户参与调减后实际分配的地表水量。第一种情况是在不同的情景用户实际使用地表水量和调减的地表水量均在高位且水量波动较大，该类用户灌溉面积大，其初始分配的地表水占地表水总水量的比例较大，而总的调减地表水量较小时，由于该类用户的单位用水收益较好其用水需求能够得到满足，随着调减的总的地表水量的增加，该类用户必

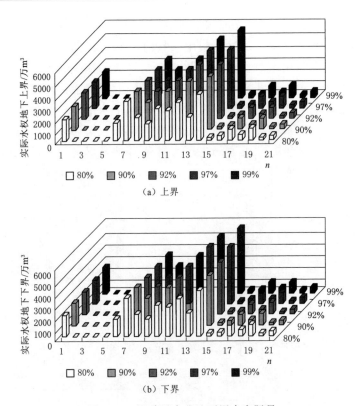

（a）上界

（b）下界

图 3.13　调减后农业地下用水实际量

须调减部分的水量才能够满足总调减水量的目标。例如，在不同情景下，$n=1$ 对应的虎林灌区的调减水量随政策情景变化波动较大，地表水总水权为原来 80%、90%、92%、97%、99% 时，该用户地表水调减水量区间分别为 [1483.25，1812.33] 万 m³、[0.00，161.12] 万 m³、[0.00，0.00] 万 m³、[0.00，0.00] 万 m³、[0.00，0.00] 万 m³，其原因就在于虎林灌区的灌溉面积大，初始分配的地表水占农业地表水可分配水量的 1/4 以上，因此当农业调减水量较大时（情景 80%），调减该用户可分配地表水量才能满足总的地表水调减水量目标，同时使系统收益达到最大化，而农业总的调减水量较小（情景 92%、97%、99% 等）时，其调减水量为 0。第二种情况是在不同情景下用户的实际使用地表水量和调减水量都在低位，该类用户的期望水权本身较小，单位用水收益较差，当总调减水量较小时，由于该类用户的单位用水收益差，其预期水权不能被满足，会调减部分用水量。随着总的调减水量的增多，因为要综合考虑到系统总收益，使该类用户不至无水可用，故为该类用户的调减水量设置了上限，该类用户在不同情景下，调减水权发生变化不大（$n=2$、$n=3$）。例如，$n=2$ 对应的虎头灌区在 80%、90%、92%、97%、99% 情景下，调减的地表水

量区间分别为 $[249.43, 250.68]$ 万 m^3、$[122.85, 125.34]$ 万 m^3、$[98.03, 100.27]$ 万 m^3、$[35.99, 37.60]$ 万 m^3、$[0, 12.53]$ 万 m^3。第三种情况是用户的实际使用地表水量和调减地表水量在各农业用户中处于中游且存在一定波动，该类用户的单位用水收益不差，因此当总的调减地表水量较小时，该类用户会调减一小部分水量，随着总的调减水量的增多，该类用户的调减水量也会随之增加来达到总水量的调减目标（$n=4$、$n=5$、$n=15$、$n=21$）。例如，80%、90%、92%、97%、99%情景下 $n=4$ 对应的大西南岔灌区对应调减水量区间分别为 $[587.09, 590.04]$ 万 m^3、$[289.15, 295.02]$ 万 m^3、$[230.74, 236.02]$ 万 m^3、$[84.70, 88.51]$ 万 m^3、$[0, 29.50]$ 万 m^3。

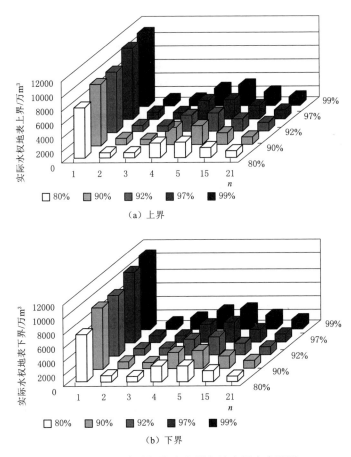

图 3.14　调减后部分农业用户地表用水实际量

图 3.16 和图 3.17 表示的是部分典型农业用户参与调减后实际分配的地表、地下水量。第一种情况是在不同的情景用户实际使用地下水量和调减的地下水均在高位且不同情景下水量波动较大，该类用户灌溉面积大，其初始分配的地

43

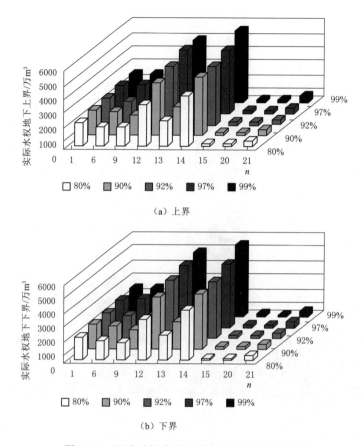

（a）上界

（b）下界

图 3.15　调减后部分农业用户地下用水实际量

下水占地下水总水量的比例较大，而总的调减地下水量较小时，由于该类用户的所用的单位地下水收益较好其用水需求能够得到满足，随着调减的总的地下水量的增加，该类用户必须调减部分的水量才能够满足总调减水量的目标（$n=12$、$n=14$）。例如，在不同情景下，$n=14$ 对应的阿北乡的调减水量波动较大，地下水总水权为原来 80％、90％、92％、97％、99％时，该用户的地下水调减水量区间分别为［974.07，978.97］万 m^3、［324.29，489.48］万 m^3、［245.14，391.59］万 m^3、［0.00，0.00］万 m^3、［0.00，0.00］万 m^3，其原因就在于阿北乡初始分配的地下水接近农业地下水可分配水量的 1/5，因此当农业调减水量较大时（情景 80％），调减该用户可分配地下水量才能满足总的地下水调减水量，使系统收益达到最大化，而农业总的调减水量较小时（情景 97％、99％等），该用户调减的地下水量为 0。第二种情况是八种情景下用户使用的地下水量和调减的地下水量都在低位，且没有波动。该类用户的预期水权本身较小，单位用水收益差，当总调减水量较小时，由于该类用户的单位用水收益差，

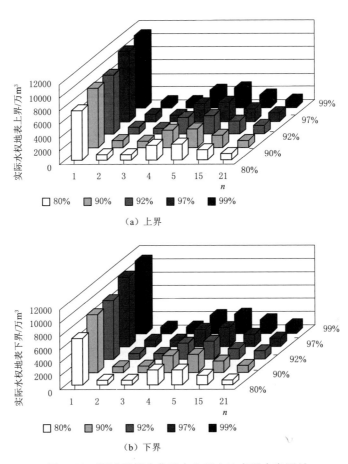

图 3.16 调减后部分典型农业用户地表用水实际量

其预期水权不能被满足，会调减部分用水量。随着总的调减水量的增多，因为要综合考虑到系统总收益，使该类用户不至无水可用，故为该类用户的调减水量设置了上限，该类用户在不同情景下，调减水权发生变化量不大（$n=15$、$n=20$、$n=21$）。例如，$n=15$ 对应的东方红镇在 80%、90%、92%、97%、99% 情景下，调减的地表水量区间为［63.26，63.58］万 m^3、［31.16，31.79］万 m^3、［24.86，25.43］万 m^3、［0.00，9.54］万 m^3、［0.00，3.18］万 m^3。第三种情况是八种情景下用户使用的地下水量和调减的地下水量在农业用户中处于中游，存在一定波动，该类用户的单位用水收益不差，因此该类用户的调减水量受到总调减水量的影响较大，当总的调减地表水量较小时，该类用户会调减一小部分水量，随着总的调减水量的增多，该类用户的调减水量也会随之增加来达到总水量的调减目标（$n=1$、$n=6$、$n=9$、$n=13$）。例如，$n=1$ 对应的虎林灌区在 80%、90%、

92%、97%、99%情景下，调减的地表水量区间为 [446.53，448.78] 万 m³、[219.92，224.39] 万 m³、[175.49，179.51] 万 m³、[0.00，67.32] 万 m³、[0.00，22.44] 万 m³。

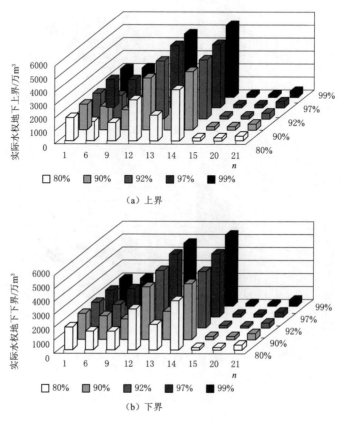

图 3.17　调减后部分典型农业用户地下用水实际量

初始分配水权的各行业比例如图 3.18 所示。各行业中只有农业使用地表水，因此初始分配时地表水的 5% 作为预留水量，其余部分作为农业的可分配水量。对于地下水除去预留水量的部分，还要在生活、生态、工业、农业四个领域之间进行分配。农业的用水量占据了总水量的大部分，其矛盾也最为突出。

如图 3.19 所示，总水权为原来 99%、98%、97%、95%、94%、92%、91%、90% 时，在保证生态用水和居民生活用水的情况下，随着总调减水量的增多，工业和农业的用水所占比例在总用水量中逐渐将降低，工业农业用水总量调减由原来 99% 降至 91%，预留水量占比由 5.0457% 升至 5.5195%，生活用水占比由 0.8130% 升至 0.8891%，生态用水占比由原来 0.0779% 上升至 0.0852%。图 3.19 (a) 表示居民生活用水、生态用水和预留水量维持初始分配水量的情况

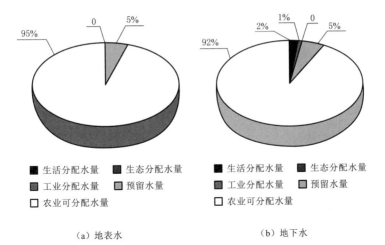

（a）地表水 　　　　　　　　　　　　（b）地下水

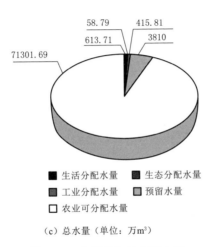

（c）总水量（单位：万m³）

图 3.18　各行业初始分配水量

下，农业和工业的总用水量各调减 1% 时，各行业用水量在总水量中的占比。综合用水收益与缺水惩罚，当调减水量比例较小时，首先调减用水净收益较差的用户。比如该情景下工业用户中 $m=6$ 对应的虎林市金水何洗浴有限公司调减水量为 0.2 万 m³，$m=7$ 对应的虎林市大众休闲洗浴调减水量为 0.2 万 m³，$m=2$ 对应的虎林市治富糖化畜牧养殖有限公司调减水量为 0.12 万 m³。农业用户中地表水用水净收益较差的用户 $n=2$ 对应的虎头灌区调减水量为 139.27 万 m³，$n=4$ 大西南岔灌区调减水量为 236.99 万 m³。农业用户中地下水净收益较差的用户 $n=1$ 对应的虎林灌区调减水量为 249.32 万 m³，$n=15$ 对应的东方红镇调减水量为 35.32 万 m³，$n=21$ 对应的林业计调减水量为 50.84 万 m³。当调减水量较大时，用水量较大的用户即使用水净收益较好仍要承担部分的调减水量，在该种情景下排除上述因素的影响，工业、农业用户用水净收益的高低起到了直接的作用。图 3.19 表示居民生活用水、生态用水和预留水量维持初始分配水量的情况下，农业和工业总水量各调减 10％时，各行业用水量在总水量中的占比，根据"准市场"化水权配置模型，当调减水量比例较大时，部分用水效益高但用水量较大的用户需要承担部分的调减水量，比如工业用户中 $m=15$ 对应的黑龙江清河泉生物质能源热电有限公司调减水量为 40 万 m^3，地表水 $m=1$ 对应的虎林灌区调减水量为 1006.85 万 m^3，$n=14$ 对应的阿北乡调减水量为 494.55 万 m^3。该种情景在不仅需要考虑用水收益与缺水惩罚的影响，用水户能达到生产的因素也有很大程度的影响。

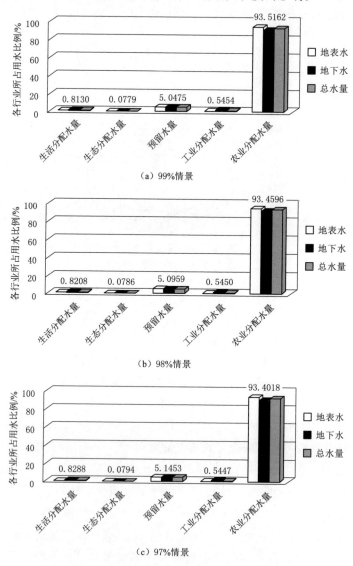

图 3.19（一）　调减后行业用水所占比例

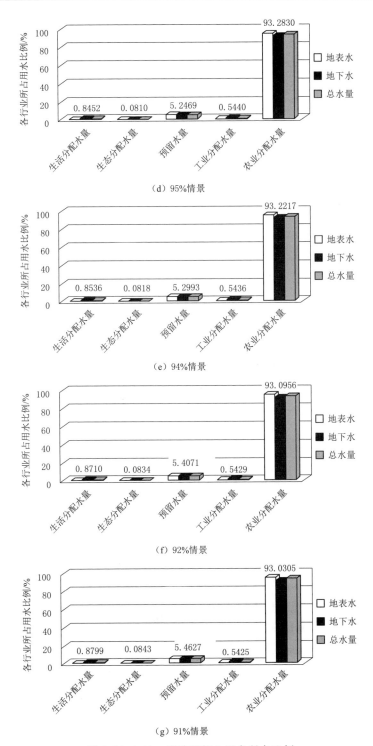

（d）95%情景

（e）94%情景

（f）92%情景

（g）91%情景

图 3.19（二） 调减后行业用水所占比例

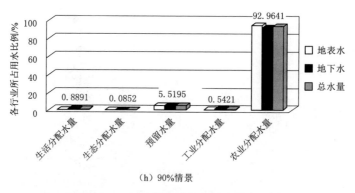

（h）90％情景

图 3.19（三）　调减后行业用水所占比例

3.3.2.4　结论与分析

通过计算发现，虎林市县域初始水权分配可以满足生活、生态需求，其中，生活浪费依然较多，非农业用水效率普遍偏低。因此，针对虎林市农业、工业初始水权进行优化配置。

（1）农业方面。虎林市原农业用水包括地下水、地表水，合计 71301.69 万 m^3，调整初始水权配置后，虎林市农业用水总量 71174.26 万 m^3。当政策情景为分配水总量的 97％时，依据虎林市水权分配现状，农业将付出节水成本 24127.14 万元，若依据"准市场化"水权配置模型进行水权再分配，农业将付出节水成本 5570.68 万～6924.17 万元；当政策情景为分配水总量的 95％时，依据虎林市水权分配现状，农业将付出节水成本 40211.9 万元，若依据"准市场化"水权配置模型进行水权再分配，农业将付出节水成本 9284.47 万～11540.28 万元；当政策情景为分配水总量的 90％时，依据虎林市水权分配现状，农业将付出节水成本 80423.8 万元，若依据"准市场化"水权配置模型进行水权再分配，农业将付出节水成本 18568.94 万～23080.56 万元。若依据现行水权分配模式，日后节水成本将大幅度提高，"准市场化"水权配置模型所做农业节水，可以优先保障高水资源利用效率灌区用水，大大降低农业节水成本。

（2）工业方面。虎林市原工业用水总量为 415.81 万 m^3，统一为地下水。当政策情景为分配水总量的 97％时，依据虎林市水权分配现状，工业将付出节水成本 4846.2 万元，若依据"准市场化"水权配置模型进行水权再分配，工业将付出节水成本 1646.44 万～1865.77 万元；当政策情景为分配水总量的 95％时，依据虎林市水权分配现状，工业将付出节水成本 8077 万元，若依据"准市场化"水权配置模型进行水权再分配，工业将付出节水成本 2813.09 万～3078.27 万元；当政策情景为分配水总量的 90％时，依据虎林市水权分配现状，工业将付出节水成本

16154 万元，若依据"准市场化"水权配置模型进行水权再分配，工业将付出节水成本 6768.36 万～7227.94 万元。若依据现行水权分配模式，日后工业节水成本将大幅提升，"准市场化"水权配置模型所做工业节水，优先保证学校、医院、殡仪馆等社会效益显著的产业用水，以现阶段水权配置方式分配水权，对于经济效益高的企业予以优先水权分配保障。

3.3.3　虎林市农业初始水权优化配置

3.3.3.1　灌区农业水量分配现状

参考黑龙江省农田水利管理总站编制的《黑龙江省水田发展情况报告》，并根据虎林市灌区管理总站提供的数据资料，核定万亩以上灌区的有效灌溉面积，作为计算农业可分配水量重要依据。根据虎林市农业用水分配情况，按照县域内农业可分配水量核定情况，虎林市万亩以上灌区分配水量为 $171.85 \times 10^6 \, \mathrm{m^3}$；"五小水利"工程灌区分配水量为 $537.45 \times 10^6 \, \mathrm{m^3}$。根据虎林市灌区管理总站提供的数据资料，县域万亩以上灌区共有 5 个。虎林市农业现行水价定价 0.062 元/$\mathrm{m^3}$。

影响农业用水确权的因素众多，根据以上分析的农业用水确权总体思路和基础条件，明确农业可分配水量和水田灌溉面积是两个关键因素。虎林市"三条红线"用水总量控制由农业用水、非农业用水、预留水量、生活用水、生态用水五部分构成，农业用水总量限制公式如下：

$$W_{农业} = W_{红线} - W_{生活} - W_{生态} - W_{非农生产} - W_{预留} \quad (3.11)$$

式中　　$W_{红线}$——虎林市 2017 年度"三条红线"用水总量控制目标，$\mathrm{m^3}$；

$\quad\quad\quad W_{生活}$——生活用水分配水量，$\mathrm{m^3}$；

$\quad\quad\quad W_{生态}$——生态用水分配水量，$\mathrm{m^3}$；

$\quad\quad W_{非农生产}$——非农生产用水分配水量，$\mathrm{m^3}$；

$\quad\quad\quad W_{预留}$——预留水量，$\mathrm{m^3}$。

虎林市"三条红线"用水总量控制指标为地表水 $397 \times 10^6 \, \mathrm{m^3}$，地下水 $365 \times 10^6 \, \mathrm{m^3}$，合计 $762 \times 10^6 \, \mathrm{m^3}$。根据虎林市农业可分配水量核算情况，可分配水总量为 $713 \times 10^6 \, \mathrm{m^3}$，其中：地表水可分配水量为 $377 \times 10^6 \, \mathrm{m^3}$，地下水可分配水量为 $336 \times 10^6 \, \mathrm{m^3}$。虎林市农业用水分配见表 3.5。

表 3.5　　　　　　　　　　　　虎林市农业用水分配表

灌区名称	灌区类型	实际灌溉面积/万亩	分配水量/万 m³		
			小计	地表水	地下水
虎林灌区	大型灌区	21.9	7583.478	0	7583.478
虎头灌区	中型灌区	1.68	1393	1393	

续表

灌区名称	灌区类型	实际灌溉面积/万亩	分配水量/万 m³		
			小计	地表水	地下水
石头河灌区	中型灌区	1.62	1337	1337	
大西南岔灌区	中型灌区	3.9543	3278	3278	
阿北灌区	中型灌区	4.95	3593.7	3593.7	
休耕		6.2	0	0	0
灌区以外		108.2057	53744.62	28040.44	25704.18
合计		148.51	70929.798	37642.14	33287.658

3.3.3.2　基于差别化水价模型的农业初始水权政策情景设置

2012 年国务院发布《关于实行最严格水资源管理制度的意见》，黑龙江省实施最严格用水制度以来，2013—2016 年，用水总量减少了 2.7%，即平均每年以 1% 的总用水调减进行水资源用水管控。因此，针对虎林市农业用水总量控制设置政策情景，到 2020 年虎林市农业用水总量调减 3%，2022 年虎林市农业用水总量调减 5%，2025 年虎林市农业用水总量调减 10%，到 2030 年虎林市农业总用水量调减 15%；针对虎林市用水效率进行水资源控制设置政策情景，到 2020 年虎林市农业灌溉水利用系数达到 0.55 以上，2030 年虎林市农业灌溉水利用系数达到 0.60 以上为目标《全国水资源综合规划》，设置政策情景。虎林市各灌区预期水权界值区间见表 3.6。

表 3.6　　　　　　　　虎林市各灌区预期水权界值区间　　　　　　单位：$10^6 \, \text{m}^3$

用　户	预　期　水　权　界　值			
	3%	5%	10%	15%
虎林灌区	[54, 55]	[58, 60]	[40, 45]	[48, 50]
虎头灌区	[13, 16.5]	[11, 15.75]	[12, 16]	[8, 10]
石头河灌区	[12.5, 16]	[11, 14.94]	[12, 15.5]	[8, 10]
大西南岔灌区	[30, 34]	[30, 35]	[29, 33.5]	[23.5, 26]
阿北灌区	[30, 33]	[28, 30]	[31.45, 36.65]	[23, 25]
灌区以外	[477, 480]	[450, 455]	[477, 482]	[377, 380]

农业单位水权收益和损失，2016 年虎林市地区生产总值实现 13186.78×10^6 元，其中第一、第二、第三产业增值分别 7983.92×10^6 元、1709.73×10^6 元、3493.13×10^6 元。2016 年，虎林市全市总人口数达到 281114 人，其中城镇居民

195342 人，农村居民 85772 人。2016 年，虎林市城镇居民人均可支配收入达到 23067 元，农村居民人均可支配收入达到 16462 元。表 3.7、表 3.8 分别为不同政策情景下单位水权收益、损失表。

表 3.7　　　　　　　不同政策情景下单位水权收益　　　　　　单位：元/m³

用　户	单 位 水 权 收 益			
	3%	5%	10%	15%
虎林灌区	[14.6846，15.3029]	[14.6843，15.3026]	[14.6837，15.3019]	[14.6829，15.3011]
虎头灌区	[6.0966，6.3533]	[6.0963，6.3530]	[6.0957，6.3523]	[6.0949，6.3515]
石头河灌区	[6.1346，6.3929]	[6.1343，6.3926]	[6.1337，6.3919]	[6.1329，6.3911]
大西南岔灌区	[6.0966，6.3533]	[6.0963，6.3530]	[6.0957，6.3523]	[6.0949，6.3515]
阿北灌区	[6.9706，7.2641]	[6.9703，7.2638]	[6.9697，7.2631]	[6.9689，7.2623]
灌区以外	[10.2196，10.6499]	[10.2193，10.6496]	[10.2187，10.6489]	[10.2179，10.6481]

表 3.8　　　　　　　不同政策情景下单位水权损失　　　　　　单位：元/m³

用　户	单 位 水 权 损 失			
	3%	5%	10%	15%
虎林灌区	[15.6123，16.2309]	[15.6123，16.2309]	[15.6123，16.2309]	[15.6123，16.2309]
虎头灌区	[6.4822，6.7389]	[6.4822，6.7389]	[6.4822，6.7389]	[6.4822，6.7389]
石头河灌区	[6.5226，6.7809]	[6.5226，6.7809]	[6.5226，6.7809]	[6.5226，6.7809]
大西南岔灌区	[6.4822，6.7389]	[6.4822，6.7389]	[6.4822，6.7389]	[6.4822，6.7389]
阿北灌区	[7.4114，7.7049]	[7.4114，7.7049]	[7.4114，7.7049]	[7.4114，7.7049]
灌区以外	[10.8656，11.2959]	[10.8656，11.2959]	[10.8656，11.2959]	[10.8656，11.2959]

虎林市降水量影响采用生长季降水量，即全年 85%，全年蒸发量基本只发生在生长季节。降水量 $R = 566 \times 85\% = 481.1$（mm），蒸发量 $Z = 566 \times 85\%/0.7 = 687.3$（mm），$P_{max}$=农民人均收入×农业人口×4%/农业灌溉用水=0.0796（元），使用数据系统分析软件对模型进行估计，得出虎林各灌区实际用水量与水价模型如下：

$$qc = 0.22P^{-0.464}R^{0.386}Z^{-0.187} \tag{3.12}$$

虎林市农业各灌区种植水稻，其田间水利用系数取现状实测值 0.824，以渠道衬砌率为自变量，灌溉水利用系数为因变量，对计算结果进行拟合[48]，二者定量关系如下：

$$\eta = 0.366 + 0.068\ln(\lambda - 2.748) \tag{3.13}$$

式中　η——灌溉水利用系数；

　　　λ——渠道衬砌率，%。

由虎林市各灌区预期水权分配界值表可得相应灌区亩均毛灌溉水量，全市各灌区根据工程配套率、控制面积、区域水资源条件和节水能力等因素，结合寒地水稻控制灌溉技术，控制净用水定额为 $0.65 \text{m}^3/\text{m}^2$。到 2020 年，农田灌溉水有效利用系数提高到 0.55 以上。到 2030 年，农田灌溉水有效利用系数提高到 0.6 以上。根据《全国水资源综合规划》，预期节水水价、节水水权以 2020 年目标为基准，可以计算出在现阶段灌溉水有效利用系数基础上，预期增加的节水水量（节约水量）。各灌区预期节约水权界值区间见表 3.9。

表 3.9　　　　　　　　　　虎林市各灌区预期节约水权界值区间　　　　　　单位：10^5m^3

用户预期节约水权	虎林灌区	虎头灌区	石头河灌区	大西南岔灌区	阿北灌区	灌区以外
节约水权界值区间	[0, 0]	[0.58, 0.64]	[0.50, 0.57]	[1.36, 1.50]	[0, 0]	[0, 0]

由于虎林灌区、灌区以外部分地区使用地下水灌溉，所以在结果中只调减水量不调整水权，而大西南岔灌区灌溉设备较为完备，农业灌溉水利用率已经超过目标，所以这里同样只调减水量不调减水权。

节水奖励资金由灌区管理单位直接奖励给用水户。用水户以水权证登记的水量为上限，对比年度实际灌溉用水量，节水量在 20%～50%，按下达用水总量指标与实际用水量之差，奖励标准为 0.03 元/m^3；节水量超过 50%，按下达用水总量指标与实际用水量之差，奖励标准为 0.045 元/m^3。

3.3.3.3　差别化水价的农业初始水权配置

使用 LINGO 编程计算，设置农业用水总量控制政策情景分别为 3%、5%、10%、15% 时各灌区农业用水量调减，见表 3.10～表 3.12。

表 3.10　　　　　　　　　　各灌区农业用水调减值　　　　　　　　单位：10^6m^3

情景	各灌区农业用水调减值					
	虎林灌区	虎头灌区	石头河灌区	大西南岔灌区	阿北灌区	灌区以外
3%	1	0.13	0.12	0.45	1	1
5%	1	0.47	0.43	0.23	1	1
10%	1	0.13	0.01	0.11	0.17	1
15%	1	1	1	1	1	1

表 3.11 各灌区农业用水调减界值区间 单位：$10^6\,m^3$

情景	各灌区农业用水调减界值					
	虎林灌区	虎头灌区	石头河灌区	大西南岔灌区	阿北灌区	灌区以外
3%	[1.65，2.35]	[0.64，0.84]	[0.57，0.78]	[1.50，2.55]	[0.99，3.75]	[14.40，14.93]
5%	[3.00，4.32]	[0.66，2.67]	[0.64，2.14]	[1.56，2.34]	[1.50，3.12]	[22.75，23.00]
10%	[5.40，9.80]	[1.50，1.98]	[1.44，1.47]	[3.54，3.98]	[3.88，4.67]	[57.84，62.24]
15%	[11.50，13.52]	[2.30，3.92]	[2.30，3.92]	[5.98，8.14]	[5.75，7.52]	[87.4，93.48]

表 3.12 各灌区农业用水最优值 单位：$10^6\,m^3$

情景	各灌区农业用水最优值					
	虎林灌区	虎头灌区	石头河灌区	大西南岔灌区	阿北灌区	灌区以外
3%	71.55	12.74	13.32	29.89	32.02	506.68
5%	68.42	12.02	11.75	29.14	31.45	487.62
10%	62.70	11.03	10.59	25.96	28.40	422.60
15%	52.90	9.54	9.06	21.88	24.78	366.79

在 2020 年，虎林市农业灌溉水利用系数增加至 0.55，农业总分配水权在调减 3% 时，各灌区调减水权有所变化，虎头灌区、石头河灌区、大西南岔灌区需要更多的调减水权，同时由模型算法可以得知，虎头灌区需要增加农业灌溉渠道至少 4.49%，在考虑节水成本以及节水收益后系统总收益减少 900 元，石头河灌区需要增加农业灌溉渠道至少 4.03%，同时系统总收益减少 500 元，大西南岔灌区需要增加农业灌溉渠道至少 4.49%，同时系统总收益减少 2500 元。对于灌区而言，由于节水成本相对高于节水收益，所以相应的灌区用水户节水积极性就会大大降低，这就需要政府制定行之有效的、合理的节水奖补机制。

各灌区农业灌溉用水调减量如图 3.20 所示，灌区以外"五小水利"工程灌区调减量最大，虎头灌区、石头河灌区农业灌溉用水调减量最少。由于灌区以外"五小水利"工程控制灌溉面积巨大，所以用水量最多，相应的调减灌溉用水量最大，虎头灌区、石头河灌区灌溉面积较小，用水总量最少，相应的调减量也是最少。从图 3.20 可清晰看出虎头灌区、石头河灌区、大西南岔灌区、阿北灌区调减用水量很小，但相应占比较高。从结果看，调减占比和单位水权收益成反比，调减占比和单位水权损失成正比，符合实际预期。

如图 3.20 所示，虎头灌区、石头河灌区、大西南岔灌区调减占比增加，说明灌区用水管理、农田水利工程设施尚需完善，并且为灌区提供了较为详尽的农田水利工程改进程度，对于本文所做研究，虎头灌区、石头河灌区、大西南岔灌区各灌区奖补机制应减少节水区间，因为奖补定额过高，导致节水达不到其标准，相应的成本无法得到补偿，虎林市各农业灌区更适宜有节水有奖补的机制。本文模型也为政府制定更加详细的奖补措施提供相关科学指导，政府为灌区的节水制定合理的奖补措施，可以有效地促进灌区更加细致管理灌溉用水，增加用水投资，更大程度上增进用水户节水意识，同时保证灌区用水收益最大化，与此同时灌区节约的水权可用于水权交易或者吸收周边"五小水利"工程灌溉面积以获得更大的收益，本文所做节水调整模型可针对增加收益给予灌区科学以及行之有效的指导。

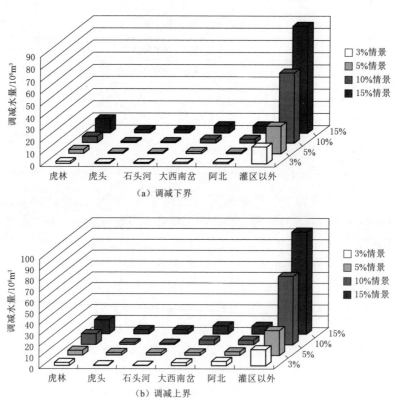

图 3.20　各灌区农业灌溉用水调减量

虎林市农业灌区用水水价采用统一定价的方式，不同政策情景下灌区农业用水差别化水价见表 3.13。

表 3.13　　　　　　　　　　虎林市农业灌区用水差别化水价　　　　　　　　单位：元/m³

不同政策情景水价界值				节水水价
3%	5%	10%	15%	
[0.062, 0.0631]	[0.0622, 0.0634]	[0.0629, 0.0641]	[0.0637, 0.0649]	[0.062, 0.0627]

由表 3.13 可以看出经济杠杆对于农业灌溉用水水价的调节作用，不同的政策情景下，农业用水量的变化也符合客观的经济规律，水价的合理抬升可以有效地促进农业节约用水，而采用了差别化水价的初始水权模型可以在水权优化过程中充分考虑到经济影响以及动态的水价变动影响，其中更细化的因素也包括了不确定性的自然降水、蒸发条件，农业政策与时俱进的影响因素。同样的，考虑到2020 年各农业灌溉灌溉水利用系数达到 0.55，据此制定合理的农业节水水价，其中充分考量了虎林市当地实际用水情况、工程措施的完善程度，并据此制定合理可行的农业节水水价。农业水价低廉，导致灌区各用水户节水意识不强，最终造成农业灌溉用水的浪费，合理抬升水价也是农业水价综合改革的重要组成部分。

通过各灌区农业用水调减占比表可以清晰地看出，各灌区用水效益的高低，虽然灌区以外"五小水利"工程控制灌溉用水调减最多，石头河灌区用水效益最低，而虎林灌区单位用水效益最高，见表 3.14 中所示。特别的，当所需要调减的总水权占可分配总水权比例越小，各灌区调减相对的变化较小；当所需要调减的总水权占可分配总水权比例越大，各灌区水权分配更多考虑单位水权所带来的净效益，净效益高的灌区相对调减较少。从现实情况来看，灌区用水调减不是一蹴而就，当用水量调减达到某一极值时，将会产生额外更大的损失，得不偿失，所以在 15% 政策情景下，虎林灌区、石头河灌区、大西南岔灌区、阿北灌区调减水量只采用其下界值，其余调减分配给较高收益的虎林灌区以及灌区以外。

表 3.14　　　　　　　　　各灌区农业用水下界调减占比

政策情景	虎林灌区	虎头灌区	石头河灌区	大西南岔灌区	阿北灌区	灌区以外
3%	2.24%	4.74%	4.39%	4.72%	2.84%	2.76%
5%	4.16%	5%	5%	5%	4.39%	4.46%
10%	7.90%	11.96%	11.97%	12%	12%	11.96%
15%	13.00%	19.40%	20.20%	21.50%	18.80%	14.60%

由于用水户灌溉时的各种意外因素会使结果产生随机性，所以以灌区再分配水权上下界来规范灌区灌溉用水量，各情景下配水目标（各灌区农业用水量分优化分配区间）如图 3.21 所示。

从图 3.21 水权优化配置来看，当农业可分配水权调减占比较少时，用水效益高的农业用水户调减水权占比较低，但由于划定用水户（比如"灌区以外"）灌溉需水量巨大，所以相应调减水权就大。随着农业可分配水权调减占比升高，农业用水户各自调减水权变得有倾向性，用水效益高的用户调减水权就少，而用水效益低的用户，当调减水权达一定程度时，再度调整水权分配将会造成巨大的损失，所以对于农业可分配水权调减占比高的政策情景，农业水权调减将

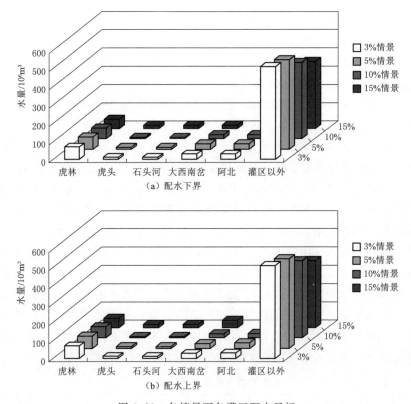

图 3.21　各情景下各灌区配水目标

从用水效益低的用户开始调减，直至调减到该用户能接受的调减最大值，再继续调减用水效益次低的用户，直至达到目标。

3.3.3.4　结论与分析

（1）在农业用水总量控制的基础下，用水效益低的灌区会被调减水权，以保证水权向效益高的灌区流动，但各灌区用水权调减量的极值是 20%，在此极值下，可能在一定程度上促进效益低的灌区的农户节水，但如超过这一极值，将对农业基本生产、社会经济造成极大的影响。

（2）在提高农业用水效率的背景下，农业灌溉水利用系数在模型中会达到一定极值，此时如再增加建设投资将会造成经济浪费。例如，在 2020 年虎林市各农业灌区灌溉水利用系数要达到 0.55，虎头灌区需要增加农业灌溉渠道至少 4.49%，石头河灌区需要增加农业灌溉渠道至少 4.03%，大西南岔灌区需要增加农业灌溉渠道至少 4.49%。

（3）现行的农业节水奖补机制的不完善将会导致各灌区节水积极性大大降

低，节水的奖励可按节水量制定分档奖励机制，节水量越高，单位节水奖励可相应提升，奖补门槛不宜过高，最好可采用有节水有奖补机制，政府部分可以本章所求灌区实际节水效益结合当地实际经济水平，制定相应的奖补措施。

（4）通过对比不同政策下的系统收益发现，虎头、石头河、大西南岔等灌区奖补机制应减少节水区间，因为奖补定额过高，导致节水达不到其标准，相应的成本无法得到补偿，虎林市各农业灌区更适合有节水有奖补的机制。

模型为政府制定更加详细的奖补措施提供相关科学指导，政府为灌区的节水制定合理的奖补措施，可以有效地促进灌区更加细致地管理灌溉用水，增加用水投资，更大程度上增强用水户节水意识，同时保证灌区用水收益最大化，并且灌区节约的水权可用于水权交易或者吸收周边"五小水利"工程灌溉面积以获得更大的收益。此外，政府相关部门在制度制定环节中，应综合各方情况制定合理的水价定价机制，高效应用价格机制调控农业用水，利用政府供水补贴、农业水价多层次定价、成本-利益多元化补贴机制等手段，立足农民利益予以优惠以充分调动农民节水积极性，改革水价收费制度，实行计量收费制度，使用水户采用节水灌溉技术得到的净收益大于不采用节水灌溉技术的净收益。

3.4 本章小结

本章节采用"准市场化"初始水权配置模型以及区间两阶段模糊差别化水价模型，分别对虎林市县域初始水权和农业初始水权进行了优化配置。

3.4.1 基于"准市场化"县域初始水权优化配置

在识别区域人口分布及产业布局特点的基础上，按行政区划对其用水特征进行量化表征，将水资源作为"准公共产品"，建立市场机制与宏观调控互动的"准市场化"水权确权模式。同时，综合考虑虎林市的产业发展方向，从水效能提升视角，开展区域产业结构、规模优化调整研究，以水权确权为纽带，构建"准市场化"水权优化配置模型，重塑区域经济产业结构及资源环境战略。在"准市场化"模式下，根据"三条红线"要求，保证地区生活、生态用水，设置10种政策情景（依次为当前可用水量的99%、98%、97%、95%、94%、92%、91%、90%、88%、80%），针对当地工业、农业进行水权的优化配置：对于用水效率高的用户首先满足其用水需求；对于用水效率低的用户，农业用户水权调减量不超过农业水权总量10%，工业用户水权调减量不超过工业水权总量的15%，对比现行虎林市初始水权配置模式，可为虎林市带来可观的节水收益。

59

3.4.2　虎林市农业初始水权配置

充分考虑虎林市农业用水的问题（如农民节水意识薄弱、灌区管理制度不足、农业水价不合理等），将农业水权优化与价格手段相结合，对县域农业多用户初始水权进行优化。通过将农业水价综合改革嵌入到水权模型中，能够充分体现农业工程的折旧、设备运行成本、用户承受、用水奖补等因素，并且也能通过水权价格促进农户节水，使水资源的配置效率得以提升。与此同时，由于模型中还考虑了降水、灌区建设与农田灌溉水有效利用系数的关系，因此，采用了区间两阶段规划来反映不确定参数与经济惩罚间的复杂响应关系，提升了农业初始水权确权的可操作性和科学性。在寻求初始水权分配系统收益最优及节水的背景下，设置 4 种政策情景（分别为虎林市农业可用水量的 3％、5％、10％、15％）进行计算发现，用水效率高的农业灌区水权调减较少，用水效率低的农业灌区水权调减较多，最多不超过该灌区农业总用水水权的 20％，同时，当各灌区要达成既定的节水目标时，需对灌区农业水利工程进行定量的完善，由此产生的节水成本也需要政府制定相应的节水奖补措施，区间两阶段模糊差别化水价模型可为地区农业节水提供可靠的水权优化配置方式，并对节水措施提供科学、合理化建议。

以上相关模型的开发和运用，有利于在保证区域居民饮水安全、粮食安全、生态安全及社会和谐的基础上，通过价值规律实现水资源配置效率/使用效率的提升。同时，充分考虑到水权确权中可用水权与传统用水许可的不一致、经济发展战略与用水许可不匹配等问题，通过系统优化及市场手段，使初始水权能够向用水效率高、收益高的用户和行业倾斜，从而达到提升初始水权配置效率的结果。另外，本章通过计算获得的结果将为水权确权、水权交易、生态文明建设等工作奠定良好的理论及数据基础。

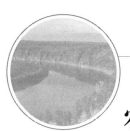

第4章
农业灌区取用水管理的水权确权
关键技术研究

4.1 基于遥感和 GIS 技术的农业灌区取用水管理关键技术

4.1.1 空间分析技术

根据灌区基础地理信息、地形地貌特征分布特点，运用数字高程模型，采用空间分析集成办法，通过流量统计、流向分析和叠加分析等空间分析技术，科学划定灌区取用水管理范围。

（1）灌区渠系流向分析。基于 ArcGIS 软件，根据灌区基础地理信息、地形地貌特征，结合数字高程模型，沿渠系均匀采点，获取点位高程信息和平面坐标数据，形成坡度坡向数据，确定引水干渠、支渠、斗渠和排水干沟、支沟、斗沟的水流方向。

（2）灌区灌溉范围分析。基于渠系水流方向分析结果，结合灌区计划灌溉面积和实际灌溉面积，通过监测计算获得的渠系载水量、渗透量、蒸发量、雨水补给量和灌溉系数等，综合分析确定灌区管理面积，结合遥感影像划定灌区管理范围。

（3）空间叠加分析。基于遥感影像，在灌区取用水管理范围基础上叠加水利设施和土地确权数据，通过空间关系协调性分析，对灌区管理范围进行修正，同时协调灌区取水地块面积与管理面积相一致；在灌区取用水管理范围基础上叠加水利设施、行政村区划和土地确权数据，通过空间关系协调性分析，确定用水户协会管理范围和农户灌溉用水方式。

4.1.2 导航定位及信息回传技术

利用 GPS 和移动 GIS 开发技术，构建移动 PAD 系统集成灌区管理范围、渠系工程和用水户协会管理范围初步判断适量数据和遥感影像数据，实现核查工作定位、拍摄、采集、记录、取证等一体化外业核查业务流，核查成果实时回传，Web 端网络在线服务系统实现与移动 PAD 端系统无缝精准衔接，借助高精度的影像地图，达到内外水利设施监管一体化的目的。解决途径为：移动

PAD 系统可以实现定位、拍摄、采集、记录、取证等一系列操作，并提供影响图斑下载、核查信息，现场照片提交上传等功能，有助于核查工作进行时检查信息的真实性、有效性、合法性，并可以快捷的审核和逐级上报。

4.1.3　遥感影像批量快速处理技术

在 CIPS 集群式影像处理系统软件中，采用区域网生产模式、单景生产模式的方法，对卫星遥感影像进行正射纠正、多光谱配准、影像融合、遥感图像增强处理、镶嵌裁切等，进行卫星正射影像生产和更新。解决途径如下：

（1）区域网平差。优先使用国土三调影像成果作为主要控制资料进行同名控制点自动匹配提取，以提高区域网平差效率；由于影像纹理较弱，自动提取同名控制点较少，基于控制点库人工进行控制点量测，保证区域网精度；国界、省界边缘等影像纠正困难区域，采用基础测绘 1∶10000 数字正射影像（DOM）和 1∶50000 DOM 成果数据作为补充控制，进行同名控制点提取，以保证影像控制精度。

（2）影像匀光匀色。根据影像的季相，选择纠正区域内部分具有代表性的地物丰富对比度、清晰度较好的影像，降低空间分辨率，通过人工干预影像增强处理形成符合本区域自然色彩匀光匀色模板；基于制作好的匀色模板，通过调整匀色参数，提高匀色效率。

（3）影像镶嵌。对匀色后的影像进行镶嵌线自动寻址，形成初始镶嵌网；根据需求，对初始镶嵌网适当进行人工编辑，形成镶嵌线进行镶嵌裁切。

4.1.4　内外业一体化技术

针对取用水管理范围划界需要，采用内业人工判读、外业调绘、内业数据处理一体化技术，实现灌区水利设施分布和管理范围的精准掌握。

（1）内业数据处理关键技术。对不同来源、不同格式的数据进行矢量格式转化、坐标转换，并参照遥感影像进行补充完善、精度修正等。对矢量数据按照其结构特征进行数据分层、属性设计和类型划分等工作，为外业核查工作提供便捷。数据分层包括水利设施（线）、水利设施（点）、机电井、取用水管理范围、用水户协会管理范围和取水范围地块等 6 层；属性设计包括水利设施的类型、名称，机电井的使用人、建成年份、产权情况、建设项目、类型等，取用水管理范围和用水户协会管理范围的名称、面积，取水范围地块的指界人姓名、排水路径、所在村屯、支渠划分、协会划分、实测面积等；类型划分将水利设施（线）类型划分为引水干渠、引水支渠、引水斗渠、排水干沟、排水支沟和排水斗沟，将水利设施（点）类型划分为量测点、拦水闸、排水闸、进水闸、涵洞、渡槽、桥等，将机井划分为机电井和柴油机井。基于遥感影像，通过人工目视解译初步确定水利设施、管理范围分布情况等，并对外业核查工作侧重点进行区分，外业核查人员在调绘过程中能够结合实际情况规划路线、突出重点、提高效率。

（2）内外业衔接关键技术。通过移动 PAD 端系统保持内外业数据一致、实时传输，将前期内业处理数据及遥感影像同步导入 PAD 端，在外业核查过程中核查人员可直接通过 PAD 端进行标注、修改数据图形几何、填加属性信息等工作，通过 PAD 端数据实时回传，内业人员可直接将数据汇总，进行空间关系协调处理等，最大限度地减少重复的工作。

4.1.5　基于 Web GIS 的可视化展示技术

在基于 Web GIS 的灌区取用水空间管控系统中，针对基础地理信息矢量数据、遥感影像数据、地形数据、地名数据以及水利设施专题数据的展示，采用最新的矢量瓦片技术，实现灌区相关专题数据的叠加、展示、查询、统计等功能，解决在系统加载数据时传统瓦片展示模式存在缩放时失真和不能自由配置显示样式等问题，矢量瓦片技术在显示效率和显示效果方面相比传统瓦片具有无可比拟的优越性。

（1）开发基于 Web GIS 的灌区取用水空间管控系统，实现基础地理信息矢量数据、遥感影像数据、地形数据、地名数据以及水利设施专题数据的集成，利用矢量瓦片技术实现各类地理信息数据的可视化展示，实现灌区相关专题数据的叠加与展示。

（2）在基于 Web GIS 的灌区取用水空间管控系统中开发水利设施汇总和统计分析等功能，包括进度汇总、统计分析、地理分布、查询浏览、叠加分析、监测对比等功能，供核查管理者通过系统实时掌握核查进度，通过大屏展示地图，直观了解设施位置、信息及核查照片，叠加不同行业管理边界、各年度卫片，可视化全程掌控灌区各类信息，实现信息化管控。

4.1.6　灌区水权分配模型

通过建立灌区水权分配模型，确定区域农业可分配总水量，并分配灌区取用水户水权。

4.1.6.1　确定区域农业可分配总水量

通过收集整理区域内社会经济、水文水资源、供水与用水现状等详细资料，分析浅层地下水、当地地表水、域外调水等各种水源情况，以"三条红线"用水总量控制指标、江河水量分配方案和地下水开发利用控制指标为限定条件，确定区域地表水和地下水等不同水源的可分配总水量。统筹考虑区域城镇化发展、粮食安全、产业布局等因素，深入研究水权初始配置的层次、指标体系和分配法则，建立区域水权分配指标体系，明确分行业水量分配方案，将地表水和地下水的水量配置到县域内生活、生态、工业等各用水行业，并合理预留一定的水量。根据《中华人民共和国水法》规定，"开发、利用水资源，应当首先满足城乡居民生活用水，并兼顾农业、工业、生态环境用水以及航运等需要"，在扣除生活、生态、工业用水和预留水量后，将剩余的水量作为农业可分配水量。因此，将"三条红线"用水总量控制目标作为可确权水量的限制条件，按照水法规定的水资源优化配置原则，在扣除生活用水、生态用水、非农生产用水和预留水量后，将剩余的水量作为农业可分配水量。计算公式如下：

$$W_{农业} = W_{红线} - W_{生活} - W_{生态} - W_{非农生产} - W_{预留} \tag{4.1}$$

式中　$W_{红线}$——"三条红线"用水总量控制目标；

　　　$W_{生活}$——生活用水分配水量；

　　　$W_{生态}$——生态用水分配水量；

　　$W_{非农生产}$——非农生产用水分配水量；

　　　$W_{预留}$——预留水量。

4.1.6.2　分配灌区取用水户水权

影响灌区水权分配的因素众多，根据灌区水权确权思路可知，农业可分配水量和水田灌溉面积是其中的关键因素。农业可分配水量直接决定了县域内各灌区的确权水量，水田灌溉面积通常决定了各灌区的水量分配比例。但是由于在分配过程中，农户期望水权和实际可能分配的水权之间存在一定差异，因此，在此基础上，按农业产业发展、灌溉规模和水效能情况确定期望水权需求，采用区间两阶段优化方法，对期望水权需求及可分配的总水权进行追索、修正。充分考虑区域内不同灌区经济数据的不确定性，采用区间形式表述最终获得区间形式初始水权分配方案变量，区间两阶段"准市场化"水权配置模型如下：

$$\max f^{\pm} = \sum_i \sum_m BWC_{im}^{\pm} wc_{im}^{\pm} - \sum_i \sum_m CWC_{im}^{\pm} Yc_{im}^{\pm} \tag{4.2}$$

满足约束：

$$\sum_m wc_{im}^{\pm} - \sum_m Yc_{im}^{\pm} \leqslant qc_i^{\pm} \tag{4.3}$$

$$wc_{im\ \max} \geqslant wc_{im}^{\pm} \geqslant Yc_{im}^{\pm} \geqslant 0 \tag{4.4}$$

式中　　i——不同灌区；

　　　　m——灌区 i 内的不同用户；

　　$BWC_{im}^{\pm}$——单位水权给不同用户带来的净收益；

　　　$wc_{im}^{\pm}$——某个用户的期望水权需求；

　　$CWC_{im}^{\pm}$——调减水权给某用户带来的因水权不足的损失；

　　　$Yc_{im}^{\pm}$——调减的水权，决策变量；

　　　$qc_i^{\pm}$——区域实际可用的农业水权。

优化后的水权更能适应灌区的经济发展，提升水效能，并促进节水。灌区取用水户水权分配以区域农业可分配总量为限制条件，以灌区水许可证登记水量为总量控制，综合考虑灌溉面积、灌溉定额、种植结构等因素，通过优化后的分解灌区取水许可量，因地制宜确定农民用水合作组织、农村集体经济组织等用水单元的确权水量，然后发放水资源使用权证，并予以登记。主要内容如下：

（1）灌区划界。根据全县农村土地承包经营权土地耕种现状调查公示数据，结合灌区工程布局现状以及农业水价综合改革项目量测水设施田间配套方案，划定灌区控制界限，明确灌区管理单位管理范围、设计灌溉面积和实际灌溉面积，组建灌区农民用水户协会为管理主体，划定各协会田间控制界限，明确各协会管理范围。

（2）初始水量、水权分配。测算灌区渠系水利用系数、田间水利用系数、灌溉水利用系数和灌溉用水定额，核定灌区设计灌溉面积内用水量，建立灌区水权分配模型，按照"水随田走"的原则，将取水许可管理的灌区用水量指标分配到农民用水户协会等用水终端，并进行水权初始确权及登记；对未配套量测水设施的农民用水户协会只进行水量分配，暂不确权。

（3）农业水权制度建设：①水权管理，包括水权的申请、审批、登记、发证、延续、变更和交易等；②水价管理，包括分档定价和节水奖励等；③运行管理，包括组织体制建立、工程管理、用水管理、经营管理等；④地下水管理，包括水源井排查与关闭拆除、监督管理等。

灌区水权分配流程如图 4.1 所示。

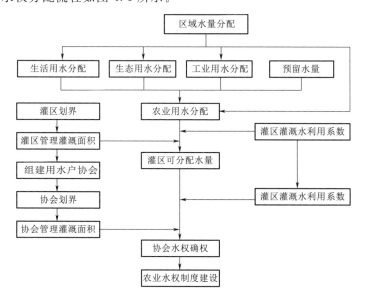

图 4.1 灌区水权分配流程图

4.2　农业灌区管理划界与水权确权研究（以通河县为例）

4.2.1　灌区取用水管理范围划界

以通河县三岔河三号坝灌区为例，开展区管理范围划界与水权确权研究。三岔河三号坝灌区取用水管理范围划定主要包含两个方面：首先是要确定三岔河三号坝灌区水利设施分布情况；然后根据三岔河三号坝灌区计划灌溉面积和实际灌溉面积情况，并结合遥感影像人工目视解译和外业调绘，确定三岔河三号坝灌区取用水管理范围。

4.2.1.1　灌区水利设施数据制作

（1）灌区专题数据矢量化处理。基于正射遥感影像，对三岔河三号坝渠系工程规划图进行矢量数据格式转化、坐标转换，并参照影像进行数据纠正、补充完善，初步确定渠系分布情况。

（2）外业调绘。将初步确定的三岔河三号坝灌区渠系矢量数据传输至 PAD端，结合遥感影像，以当地相关工作人员辅助调查的形式开展实地核查并拍摄照片（图 4.2），通过 PAD 端回传外业调查数据资料，经内业整理后，最终获得三岔河三号坝灌区水利设施和机电井数据，见表 4.1。

表 4.1　　　　　　　　　三岔河三号坝灌区水利设施和机电井数据

序　号	类　型	个数/个	长度/m
1	引水干渠	1	22092.98
2	引水支渠	23	35557.12
3	引水斗渠	3	3221.22
4	排水干沟	1	6442.89
5	排水支沟	4	20438.49
6	排水斗沟	1	2322.52
7	柴油机井	118	—
8	机电井	54	—
9	节制闸	1	—
10	进水闸	1	—
11	拦河坝	1	—
12	拦河闸	1	—

续表

序　号	类　型	个数/个	长度/m
13	排水闸	1	—
14	量测点	10	—
15	桥	7	—
16	渡槽	1	—
17	涵洞	1	—

图 4.2 三岔河三号坝灌区机电井外业核查实地照片

4.2.1.2 灌区取用水管理范围划界实施

（1）灌区取用水管理范围初划。根据三岔河三号坝灌区干、支渠分布情况，充分考虑三岔河三号坝灌区计划灌溉面积和实际灌溉面积，结合遥感影像，初步确定三岔河三号坝灌区取用水管理范围。

（2）外业调绘。将初步确定的三岔河三号坝灌区取用水管理范围传输至PAD 端，结合正射遥感影像，开展实地调查与调研，最终划定三岔河三号坝灌区管理范围，确定灌区灌溉面积 47104.88 亩。

4.2.2　灌区用水户水权确权划界

三岔河三号坝灌区用水户水权确权划界主要包括两方面内容：首先是确定灌区用水户协会管理范围；然后结合农业农村部门提供的土地确权数据，通过定性和定量相结合的方法综合确定灌区用水户协会水权。

4.2.2.1　用水户协会管理范围划界

（1）用水户协会管理范围初划。根据三岔河三号坝灌区干、支渠分布情况及灌区取用水管理范围，结合正射遥感影像，充分考虑到三岔河三号坝灌区所在地区行政村和地理单元的完整性，初步确定用水户协会管理范围，见表 4.2。

表 4.2　　　　　　　三岔河三号坝灌区用水户协会管理范围

序号	名　　称	面积/亩	序号	名　　称	面积/亩
1	胜利村农民用水户协会	6365.33	3	东兴屯农民用水户协会	13755.68
2	韩乡村农民用水户协会	13847.34	4	岔林河农场农民用水户协会	13136.53

（2）外业调绘。将初步确定的三岔河三号坝灌区用水户协会管理范围传输至 PAD 端，结合正射遥感影像，开展实地调查并充分听取当地相关工作人员和有关专家意见建议后，最终确定三岔河三号坝灌区用水户协会管理范围，并根据行政村行政单元区划按照就近原则和最大面积原则确定用水户协会名称。

4.2.2.2　用水户水权确权

（1）确定区域农业可分配总水量。农业可分配水量直接决定了通河县农业取用水户的确权水量，灌溉面积、灌溉定额决定了各取用水户的水量分配比例。以通河县"三条红线"用水总量控制目标作为可分配总水量限制条件，按照水资源配置的优先序，在扣除生活、生态、工业和预留水量后，将剩余的可分配水资源作为通河县农业可分配水量。按公式（4.1）计算，农业可分配水量为 90168.1 万 m^3，其中地表水为 74290 万 m^3，地下水为 15878.1 万 m^3，详见表 4.3。

表 4.3　　　　　　　通河县农业可分配水量核算表　　　　　　单位：万 m^3

水资源类别	地表水	地下水	合计
可分配水量控制目标	78200	17900	96100
生活分配水量	0	566.72	566.72
生态分配水量	0	29.42	29.42
工业分配水量	0	530.75	530.75
预留水量	3910	895	4805
农业可分配水量	74290	15878.1	90168.1

根据农业农村部门提供的当地土地确权数据资料，结合水利设施分布情况和灌溉取用水管理范围，确定三岔河三号坝灌区内取水地块；参照数字高程模型，结合地形地貌特征，确定渠系基本走向为从西处河流取水，经干渠引水至灌区，受地势地貌影响支渠引水方向由北向南，经农田灌溉利用后由排水干沟、支沟排入河流。通过测算干渠、支渠、斗渠水量和灌溉系数等，最终确定农户灌溉用水方式和灌溉地块面积，见表4.4。

表4.4   **三岔河三号坝灌区取水地块灌溉面积统计表**   单位：亩

序号	协会划分	支渠划分	面积
1	胜利村农民用水户协会	一支渠	1351.83
2		二支渠	670.27
3		三支渠	1727.02
4		四支渠	765.70
5	韩乡村农民用水户协会	五支渠	331.36
6		六支渠	2871.48
7		七支渠	610.33
8		八支渠	989.92
9		九支渠	2887.23
10		十支渠	1329.57
11		十一支渠	1008.48
12		十二支渠	735.97
13	东兴屯农民用水户协会	十三支渠	1399.90
14		十四支渠	1328.02
15		十五支渠	1262.45
16		十六支渠	1735.68
17		十七支渠	288.61
18		十八支渠	450.01
19		十九支渠	659.29
20		二十支渠	2433.72
21		二十一支渠	2129.33
22	岔林河农场农民用水户协会	二十二支渠	8973.65
23		二十三支渠	2125.53

（2）分配灌区取用水户水权。

1）渠系水利用系数。渠系水利用系数反映了各级输配水渠道的输水损失，表示了整个渠系的输配水量利用率，渠系水利用系数可用各级渠道的渠道水利用系数连乘求得。

根据《灌溉与排水工程设计规范》（GB 50288—2018），采用典型渠段法测算各协会渠道水利用系数。一是选择了能代表整个协会同级渠道平均水平的典型渠道，渠道的土质、防渗措施、输水流量的大小和工程完好率等指标与协会同级渠道相近；二是采取抽样测量，复核基础数据，抽取干渠 1 条、支渠 2 条；三是所选的渠段长度均大于 1km，且渠段中间无支流、长度满足要求的典型性渠段。渠道水利用系数计算公式为

$$\eta_0 = 1 - \sigma \cdot L \tag{4.5}$$

式中 η_0——渠道水利用系数；

σ——渠道单位长度水量损失率；

L——渠道长度，km。

灌区渠道设计时考虑了地下水顶托作用对渠道渗漏的影响，并做了防护措施，在系数测算时地下水顶托作用可不予考虑。渠道单位长度水量损失率依据公式（4.6）计算：

$$\sigma = \frac{K}{Q_j^m} \tag{4.6}$$

式中 K——土壤透水性系数，从表 4.5 查得；

Q_j——渠道径流量，m³/s；

m——土壤透水性指数，从表 4.5 查得。

表 4.5   土壤透水性参数

渠 床 土 质	透 水 性	K	m
黏土	弱	0.7	0.3
重壤土	中弱	1.3	0.35
中壤土	中	1.9	0.4
轻壤土	中强	2.65	0.45
沙壤土	强	3.4	0.5

通过对岔林河三号坝灌区土壤性质的分析，渠床土质属于重壤土，故 K 值取 1.3，m 值取 0.35。

根据岔林河三号坝灌区现有的渠系资料，结合现场勘测结果，灌区共有引

水干渠 1 条、支渠 23 条，合计长度 57.65km，混凝土衬砌长度 50.77km，渠道衬砌率为 88.06%。其中，干渠长度 22.09km，混凝土衬砌长度 18.89km，渠道衬砌率 85.51%；支渠长度 35.56km，混凝土衬砌长度 31.88km，渠道衬砌率 89.65%。根据《灌溉与排水工程设计规范》（GB 50288—2018），对衬砌渠道单位长度水量损失率进行修订，修订计算公式如下：

$$\sigma_0 = \varepsilon_0 \cdot \sigma \tag{4.7}$$

式中　σ_0——衬砌渠道单位长度水量损失率；

　　　ε_0——衬砌渠道渗水损失修正系数，可从表 4.6 查得。

表 4.6　　　　　　　　　　衬砌渠道渗水损失修正系数

防渗措施	衬砌渠道渗水损失修正系数	防渗措施	衬砌渠道渗水损失修正系数
渠槽翻松夯实（厚度大于 0.5m）	0.30～0.20	黏土护面	0.40～0.20
渠槽原土夯实（影响深度不小于 0.4m）	0.70～0.50	浆砌石护面	0.20～0.10
灰土夯实（或三合土夯实）	0.15～0.10	沥青材料护面	0.10～0.05
混凝土护面	0.15～0.05	塑料薄膜	0.10～0.05

通过对岔林河三号坝灌区现场勘察，灌区渠道的防渗措施有两种，一种是混凝土护面，另一种是渠槽原土夯实。结合岔林河三号坝灌区实际情况，混凝土护面渗水损失修正系数取 0.15，渠槽原土夯实渗水损失修正系数取 0.64。

渠道单位长度的输水损失率 σ 等于所选该级各典型渠道输水损失率 σ_L 按渠道长度 L 进行加权平均的计算值，即

$$\sigma = \sum \sigma \cdot L \cdot L / \sum L \tag{4.8}$$

则某级渠道的输水损失率 σ_L 计算公式为

$$\sigma_L = \sigma \cdot L \tag{4.9}$$

式中　L——该级渠道的平均长度，km，即该级渠道的总长度除以总条数。

综上，某级渠道的渠道水利用系数 η_0 计算公式如下：

$$\eta_0 = 1 - \sigma_L \tag{4.10}$$

岔林河三号坝灌区渠道水利用系数测算结果详见表 4.7。

表 4.7　　　　　　　　岔林河三号坝灌区渠道水利用系数测算结果

协会名称	渠道名称	设计流量 /(m³/s)	渠道单位 长度水量 损失率	渠道长度 /km	衬砌长度 /km	渠道输水 损失率	渠道水 利用系数
胜利村 农民用水 户协会	干渠	6.43	0.678	3.79	3.56	0.122	0.878
	一支渠	1.92	1.035	2.15	2.01	0.135	0.865
	二支渠	2.26	0.977	1.59	1.48	0.157	0.843
	三支渠	2.19	0.988	1.84	1.72	0.158	0.842
	四支渠	2.48	0.946	0.81	0.74	0.161	0.839
韩乡村 农民用水 户协会	干渠	6.43	0.678	10.07	9.27	0.128	0.872
	五支渠	2.51	0.942	0.61	0.56	0.147	0.853
	六支渠	1.89	1.040	2.85	2.60	0.155	0.845
	七支渠	2.23	0.982	1.73	1.58	0.150	0.850
	八支渠	2.33	0.967	1.23	1.11	0.152	0.848
	九支渠	2.21	0.985	1.84	1.69	0.149	0.851
	十支渠	2.47	0.947	0.79	0.71	0.154	0.846
	十一支渠	2.48	0.946	0.78	0.71	0.152	0.848
	十二支渠	2.46	0.949	0.94	0.86	0.149	0.851
东兴屯 农民用水 户协会	干渠	6.43	0.678	13.53	12.10	0.137	0.863
	十三支渠	2.48	0.946	0.82	0.73	0.157	0.843
	十四支渠	1.98	1.024	2.13	1.89	0.165	0.835
	十五支渠	1.92	1.035	2.84	2.49	0.170	0.830
	十六支渠	2.19	0.988	1.73	1.51	0.183	0.817
	十七支渠	2.51	0.942	0.47	0.41	0.159	0.841
	十八支渠	2.15	0.994	1.89	1.65	0.167	0.833
	十九支渠	2.36	0.963	1.19	1.04	0.163	0.837
	二十支渠	2.15	0.994	1.81	1.58	0.168	0.832
	二十一支渠	2.34	0.965	1.21	1.06	0.164	0.836
岔林河农场 农民用水 户协会	干渠	6.43	0.678	22.09	18.89	0.150	0.850
	二十二支渠	1.93	1.033	3.31	2.87	0.160	0.840
	二十三支渠	2.42	0.954	1.01	0.86	0.160	0.840

渠系水利用系数反映了从量测水起始点到渠系末端的各级输配水渠道的输水损失，表示了整个渠系的水资源利用率，其值等于同时工作的各级渠道的渠道水利用系数的乘积，渠系水利用系数依据公式（4.11）计算：

$$\eta_渠 = \eta_干 \cdot \eta_支 \qquad\qquad (4.11)$$

式中　$\eta_渠$——农民用水户协会渠系水利用系数；

　　　$\eta_干$——干渠渠道水利用系数；

　　　$\eta_支$——支渠渠道水利用系数。

岔林河三号坝灌区土壤类型为壤土，主要包括黑土、水稻土和草甸土等，渠床土壤类型为重壤土。灌区部分灌溉渠道已完成衬砌，衬砌类型为混凝土护面。根据过水流量、渠长、土质与地下水埋深等条件分类选出典型渠道，灌区同级渠道的渠道水利用系数代表值可取用该级若干条典型渠道的渠道水利用系数加权平均值，岔林河三号坝灌区渠系水利用系数测算结果见表4.8。

表 4.8　　　　　岔林河三号坝灌区渠系水利用系数测算结果

序号	用水户协会		干　渠			支　渠			渠系水利用系数
	名　　称	数量/个	长度/km	渠道水利用系数	数量/条	长度/km	渠道水利用系数		
1	胜利村农民用水户协会	1	3.79	0.878	4	6.39	0.850		0.746
2	韩乡村农民用水户协会	1	10.07	0.872	8	10.77	0.800		0.698
3	东兴屯农民用水户协会	1	13.53	0.863	9	14.08	0.832		0.718
4	岔林河农场农民用水户协会	1	22.09	0.850	2	4.32	0.840		0.714

2）田间水利用系数。根据黑龙江省水文局《灌区灌溉水利用系数试验分析》，依据岔林河三号坝灌区及各农民用水户协会管理水田的地理位置、土壤性质和地下水位等条件，结合农民灌溉经验，分析确定灌区各协会管理灌溉面积的田间水利用系数，见表4.9。

表 4.9　　　　　岔林河三号坝灌区田间水利用系数统计表

序号	协会名称	支渠数量/条	农户数量/户	实际灌溉面积/亩	种植作物	田间水利用系数
1	胜利村农民用水户协会	4	420	4514.82	水稻	0.892
2	韩乡村农民用水户协会	8	598	10764.34	水稻	0.891
3	东兴屯农民用水户协会	9	577	11687.01	水稻	0.895
4	岔林河农场农民用水户协会	2	1	11099.18	水稻	0.892

3）灌溉水利用系数。根据岔林河三号坝灌区渠系水利用系数和田间水利用系数，计算灌溉水利用系数。灌溉水利用系数依据公式（4.12）计算：

$$\eta = \eta_s \cdot \eta_f \qquad (4.12)$$

式中　η——灌溉水利用系数；

　　　η_s——渠系水利用系数；

　　　η_f——田间水利用系数。

根据公式（4.12），灌区灌溉水利用系数计算结果见表 4.10。

表 4.10　　　　　　　　岔林河三号坝灌区灌溉水利用系数计算结果

序号	协会名称	渠系水利用系数	田间水利用系数	灌溉水利用系数
1	胜利村农民用水户协会	0.746	0.892	0.666
2	韩乡村农民用水户协会	0.698	0.891	0.622
3	东兴屯农民用水户协会	0.718	0.895	0.643
4	岔林河农场农民用水户协会	0.714	0.892	0.637

4）灌溉定额。通河县水务局明确全县各灌区要根据工程配套率、控制面积、区域水资源条件和节水能力等因素，结合寒地水稻控制灌溉技术，控制净用水定额为 416 m^3/亩。通河县属松嫩南部高平原区，依据《黑龙江省地方标准用水定额》（DB23/T 727—2017），通河县水田净灌溉定额范围在 400～450 m^3/亩之间，县水务局确定的定额合理，据此计算灌区毛灌溉定额，结果见表 4.11。

表 4.11　　　　　　　　岔林河三号坝灌区灌溉定额计算表

序号	协会名称	净灌溉定额 /（m^3/亩）	灌溉水利用系数	毛灌溉定额 /（m^3/亩）
1	胜利农民用水户协会	416	0.666	624.837
2	韩乡农民用水户协会	416	0.622	669.239
3	东兴农民用水户协会	416	0.643	646.941
4	岔林河农场农民用水户协会	416	0.637	653.232

（3）水权确权。通过对岔林河三号坝灌区水量分析，确定灌区取用水总量为 2640 万 m^3。按照总量控制、定额管理的基本要求，以岔林河三号坝灌区取用水量为水权分配总量控制条件，依据灌区内农民用水户协会等用水组织管理的灌溉面积和计算的灌溉用水定额，坚持以水定地、水随田走的原则，对灌区设计灌溉面积范围内的水田进行水量、水权初始分配，明确了 4 个农民用水户协

会农业初始水权 2483.61 万 m³，见表 4.12。由灌区管理单位将水权分配到胜利、韩乡、东兴、岔林河农场等 4 个用水户协会，并分别对协会进行水权确权登记，颁发水资源使用权证；对灌区设计灌溉面积之内未发展的灌溉面积只进行水量计算，所得水量作为灌区预留水量由灌区管理单位负责调配。

表 4.12 岔林河三号坝灌区水量、水权初始分配表

序号	用水组织	所在流域	取水口名称	农户数量/户	地块数量/块	灌溉面积/亩	灌溉定额/(m³/亩)	分配水量/万 m³	分配水权/万 m³
1	胜利村农民用水户协会	岔林河流域	三号坝渠首	420	914	4514.82	624.84	282.1	282.1
2	韩乡村农民用水户协会	岔林河流域	三号坝渠首	598	1533	10764.34	669.24	720.39	720.39
3	东兴屯农民用水户协会	岔林河流域	三号坝渠首	577	1274	11687.01	646.94	756.08	756.08
4	岔林河农场农民用水户协会	岔林河流域	三号坝渠首	1	137	11099.18	653.23	725.03	725.03
5	预留水量	—	—	—	—	2434.65	642.36	156.39	—
合计	—	—	—	1596	3858	40500	—	2639.99	2483.61

1）胜利村农民用水户协会。胜利农民用水户协会主要负责管理灌区一～四支渠，总长度 6.39km，衬砌类型为混凝土护面，长度 5.96km。协会量测水设施为支渠人工量测水设施，测量点分别位于各支渠桩号 0+000～0+100 处。协会成员主要为城东村、火炬村、新安村用水户，共计 420 户 914 个地块，管理水田灌溉面积 4514.82 亩，分配水权 282.1 万 m³。

2）韩乡村农民用水户协会。韩乡村农民用水户协会主要负责管理灌区五～十二支渠，总长度 10.77km，衬砌类型为混凝土护面，长度 9.83km。协会量测水设施为支渠人工量测水设施，测量点分别位于各支渠桩号 0+000～0+100 处。协会成员主要为城东村、火炬村、韩乡村、乌鸦泡村用水户，共计 598 户 1533 个地块，管理水田灌溉面积 10764.34 亩，分配水权 720.39 万 m³。

3）东兴屯农民用水户协会。东兴屯农民用水户协会主要负责管理灌区十三～二十一支渠，总长度 14.08km，衬砌类型为混凝土护面，长度 12.36km。协会量测水设施为支渠人工量测水设施，测量点分别位于协会管理的各支渠桩号 0+000～0+100 处。协会成员主要为依山村、三站镇三村、韩乡村、乌鸦泡

村用水户，共计 577 户 1274 个地块，管理水田灌溉面积 11687.01 亩，分配水权 756.08 万 m³。

4）岔林河农场农民用水户协会。岔林河农场农民用水户协会主要负责管理灌区二十二～二十三支渠，总长度 4.32km，衬砌类型为混凝土护面，长度 3.73km。协会量测水设施为支渠人工量测水设施，测量点分别位于协会管理的各支渠桩号 0+000～0+100 处。协会成员主要为岔林河农场用水户，共计 1 户 137 个地块，管理水田灌溉面积 11099.18 亩，分配水权 725.03 万 m³。

4.2.3　系统设计与研发

4.2.3.1　基于 PAD 的核查系统

基于移动 GIS 开发技术和 GPS 定位技术，设计与开发移动 PAD 端系统，装载灌区管理范围、渠系工程和用水户协会管理范围初步判断适量数据和遥感影像数据，进行外业调绘核查，同时应用 PAD 端现场地面拍照，建立地面影像数据。为核查工作提供 GPS 定位、视频拍摄、信息采集、轨迹记录、拍照取证等功能，并将该照片、位置、核查点描述信息、变化情况标绘信息等上传，实现现场快速采集与后台数据集成一体化管理。主要功能如图 4.3 所示。

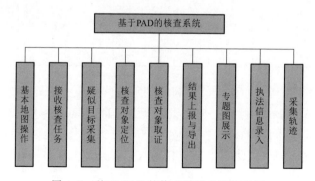

图 4.3　基于 PAD 的核查系统功能框架图

（1）地图基本操作。提供移动端地图缩放、漫游、空间定位、地图浏览等相关操作。

（2）接收核查任务。在联网状态下，根据用户 ID 下载核查任务数据包，并实现任务加载。

（3）疑似目标采集。根据核查任务范围和核查任务内容，通过点、线、面标绘方式，采集核查对象的空间位置和范围，实现核查对象采集，如图 4.4 所示。

（4）核查对象定位。根据核查对象名称或坐标，定位核查对象空间位置。

图 4.4 疑似目标采集

（5）核查对象取证。通过拍照、视频、录音方式，取证核查对象，并保存取证对象信息。

（6）核查结果上报与导出。在联网状态下，将核查信息回传至 Web 端核查管理系统，实现核查任务上报，在非联网状态下，将核查数据打包导出，供二次使用。

（7）专题图展示。实现基础矢量、影像底图、水利设施分布图、变化数据等专题地图展示，并提供图层控制、透明度调整功能。

（8）执法信息录入。实现疑似点描述信息，如疑似点类型、违法现象、时间、涉案人员等，通过 PAD 系统现场填报录入。

（9）采集轨迹。利用系统的 GPS 定位功能，自动采集调查作业过程中作业人员的调查路径，生成采集轨迹数据，并与调查任务进行关联。

4.2.3.2 灌区取用水空间管控系统

搭建灌区取用水空间管控系统，构建灌区水资源管理精细化到用水户的管理平台，实现灌区取用水管理"一张图"。基于"黑龙江省地理信息公共服务平台"提供的在线矢量、影像数据、叠加影像资源、灌区各类专题数据，形成灌区取用水空间管控基础地图，并结合取用水管理范围划界数据库，开发灌区取用水空间管控系统。系统主要包含"一张图"展示查询模块、数据采集模块、统计分析模块、信息导出模块等，主要功能如图 4.5 所示。

（1）基础 GIS 功能包括地图基本操作（地图缩放、漫游、矢量影像切换

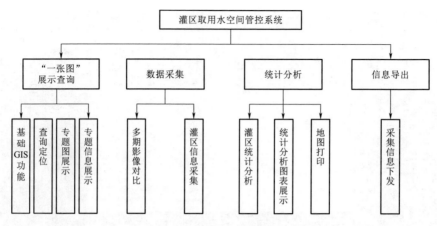

图 4.5　系统功能结构图

等）、距离量测、面积量测功能，实现对底图影像、变化监测专题数据、监测变化数据等数据的浏览、查询等操作。

（2）查询定位。包括地名地址查询与定位、专题图查询与定位、行政区划定位功能。系统提供针对水利设施的便捷的信息查询、统计工具，可实现对水利设施信息的快速查询与统计。

（3）专题图展示。包括专题图叠加、专题图浏览、空间分布、图层控制、图层透明度调整等功能。系统可通过对地物的分类分层显示，直观展示水利设施分布情况。

（4）专题信息展示。实现水利设施专题信息的展示，提供浏览、查询功能。

（5）多期影像对比。提供多期遥感影像数据的选择，根据选择的遥感影像数据，实现卷帘方式或多屏对比的影像对比功能，对变化进行监测。

（6）灌区信息采集。根据核查任务范围和核查任务内容，通过点、线、面标绘方式，采集灌区核查对象的空间位置和范围，实现核查对象采集。

（7）灌区统计分析。系统提供根据行政区划单元进行根据河湖类型/种类等，以数据表格形式展示统计分析结果数据。

（8）统计分析图表展示。可通过饼状图、柱状图、折线图、统计表格，展示统计分析结果数据。

（9）地图打印。可将统计的信息、图表导出 Excel 表并打印；并可打印当前图面的地图、专题图。

（10）信息导出。采集信息下发到基于 PAD 的核查系统时，需求系统提供信息导出功能，以文件形式下发到 PAD 核查系统。

4.3 灌区取用水管理的水权确权技术集成模式

集成遥感、地理信息及导航定位技术，辅以外业调绘技术，对渠系布置、供排水方案进行空间分析，并结合土地确权数据进行叠加分析，综合确定农户灌溉用水方式和灌溉面积，构建灌区取用水管理范围划界数据集，确定灌区水权可确权范围和用水户，建立灌区取用水"一张图"，搭建灌区取用水空间管控系统，实现灌区灌溉用水精细化到田间，解决灌区灌溉用水管理"最后一公里"的问题。

通过整理已有灌区数据资料，进行内业数据矢量数据采集、转换，并统一坐标系后，结合遥感影像和数字高程模型，利用农村土地确权数据与灌区数据进行叠加分析，确定农户灌溉用水方式和灌溉面积，形成取用水管理范围划界数据集和专题图集成果。对基于遥感影像无法确定的水利设施和管理范围，利用研发的PAD系统开展外业调绘，进行实地核查并拍照取证，并将外业调绘数据实时回传，经内业整理和空间关系协调处理后，确定水利设施分布、取用水管理范围和用水户协会管理范围。

4.3.1 主要技术构成

（1）集成遥感技术、GIS技术，建立灌区地形地貌数字高程模型，结合遥感影像数据及农村土地确权数据，构建灌区取水与田间渠系工程空间矢量数据集，初步判断灌区管理范围、渠系工程，确定用水户协会管理范围。

（2）结合地理信息及导航定位技术，构建移动PAD端系统，装载灌区管理范围、渠系工程和用水户协会管理范围初步判断适量数据和遥感影像数据，进行外业调绘核查，同时应用PAD端现场地面拍照，建立地面影像数据。

（3）利用GIS技术，建立空间关系处理模型，划定灌区管理范围、渠系工程及用水户协会管理范围界线。

（4）以灌区管理范围、渠系工程及用水户协会管理范围界限为面积控制，以灌区取水许可证登记水量为水量控制，建立灌区水权分配模型，将灌区取用水分配到田间，确权到用水户。

（5）基于Web GIS网络地理信息系统技术，搭建灌区取用水空间管控系统，构建灌区水资源管理精细化到用水户的管理平台，实现灌区取用水"一张图"的可视化管理。

4.3.2 技术集成模式

灌区取用水管理的水权确权技术集成模式如图4.6所示。

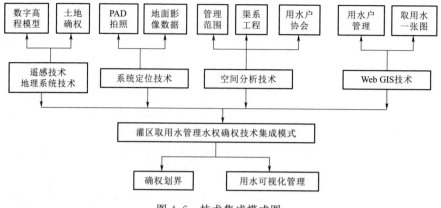

图 4.6　技术集成模式图

4.4　本章小结

本章的研究将遥感技术和测绘地理信息技术，应用于灌区取用水管理范围划界，构建集成技术模式，保证了灌区水权确权工作的科学性，同时将灌区取用水管理精细化到田间，为灌区日常管理工作提供便捷，具体表现为以下五方面：

（1）划界底图采用亚米级高分辨率卫星遥感影像和 0.1m 无人机航摄影像，高分辨率的遥感影像保证了划界位置的准确性，为用水户确权奠定了良好基础。在农户水权确权过程中引入数字高程模型，运用空间分析手段确定渠系走向等，增加了确权工作的科学性。

（2）通过开发移动 PAD 端系统辅助外业调查，可有效发挥 PAD 端系统实时定位准确、移动便捷的优势，并通过现场核查数据保证了核查工作的准确性，同时提高了外业核查效率、节约时间成本。

（3）针对取用水管理范围划界工作的应用需求，有针对性地进行数据库设计，为数据管理提供新方法，能够更方便地维护数据、更有效地利用数据，方便灌区取用水空间管控系统数据调用。

（4）通过建立灌区水权分配模型，将区域水资源可利用总量逐层分配，最终确权到农民用水户协会、农民种植合作社等用水户，达到水资源总量控制和定额管理。同时，促进形成农民用水自治、水管单位管理和用户参与等多种形式的用水管理模式，实现灌区终端用水精细化管理。

（5）搭建灌区取用水空间管控系统，集中展示划界数据集和专题图集成果，实现灌区各类专题数据的"一张图"管理应用，为灌区管理工作提供系统平台支撑。

第5章
黑龙江省水权交易与转换技术
应用模式研究

5.1 不同行业间水权交易机制研究

5.1.1 考虑第三方影响的市场供求平衡的水权转让均衡方法

合理的水权交易，可以实现水资源的最优配置，提高水资源利用效率，达到节水目的。但是，在水权交易过程中，由于行业间存在用水方式、效率、经济效益的差异，行业间的交易极易导致外部负效应产生，从而影响水权交易的公平与效率，抑制水权交易体系的建设与完善。外部成本内部化可以很好地解决水权交易中的外部效应的问题，从而促进水权交易体系的建设与完善。确立合理的水资源价格是水权交易过程中实现外部成本内部化的一种良好的解决途径。因此，在社会主义市场经济中，水资源价格的确定，不仅要充分考虑市场的作用，实现水资源的供求平衡；更应考虑其对经济、社会、环境的影响（第三方影响）问题，实现外部成本内部化；同时，也将经济社会发展战略和生态保护规划等政策因素考虑到水权扭转价格形成机制，从而制定更适合区域发展的水权扭转价格定价机制（图5.1）。

（1）以市场经济学原理为指导，以保障经济社会与生态环境协调发展为目的，确立基于供需平衡关系的水资源价格方法与模型。以用水效用最大为原则，建立以经济社会消费预算、可利用水资源量为约束的水资源需求函数模型；以总供水生产利润最大化为目标，建立考虑经济社会用水全成本代价的水资源供给函数模型；联立水资源需求与供给函数模型，迭代求解水资源最优配置的供需均衡水价。

（2）充分考虑第三方效应对水资源定价的影响。通过参数调整法，将水权交易过程中第三方效应的影响（即对经济、社会、生态环境产生的影响）加权计入水资源价格的确定中。

（3）综合考虑经济社会发展与生态保护未来规划的政策因素。以"三条红线"和最严格水资源管理制度为依据，通过模拟总供水量调减情形，探讨不同节水目标情景下的水资源价格的变化情况。

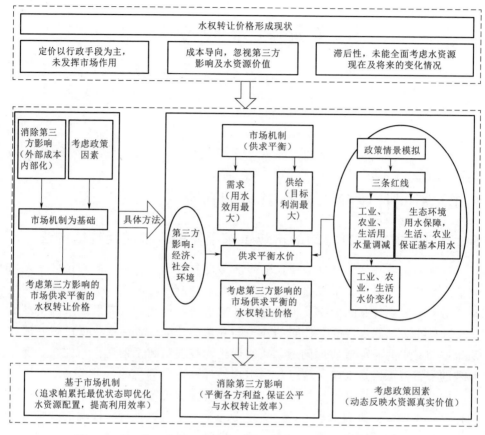

图 5.1　基于第三方影响的市场供求平衡的水权扭转价格定价机制

5.1.2　基于市场均衡的水权扭转定价模型体系

5.1.2.1　基于供求平衡的水资源定价模型

供给平衡就是消除供给与需求之间的不适应、不平衡现象，使供给与需求相互适应，相对一致，实现供给与需求之间的平衡。供给平衡是保证社会再生产顺利进行的必要条件，是合理配置社会资源的有效手段。目前，我国水资源面临总量短缺、严重污染的情况，合理配置水资源、提高水资源利用效率是解决目前水资源问题的有效途径。为了实现水资源的合理配置，保障经济与生态的协调持续发展，就应当保证水资源的供给与需求平衡。本章从水资源的供给与需求平衡的角度出发，假设水资源的需求主要受消费者的收入及水资源价格和水资源可利用总量的限制，建立用水效用最大化水资源需求函数模型；假设水资源的供给主要受水资源供给总量与供给成本的限制，建立目标利润最大化的水资源供给函数模型。联立供给与需求函数模型，求得在水资源最优配置条件下的水资源价格。

5.1.2.2 用水效用最大化水资源需求函数模型

经济学上一般以效用理论来分析消费者的行为。消费者对产品的选择，取决于产品的效用（以 U 表示）。效用是人们从消费一种产品中所得到的满足。一种产品，必须有满足人们欲望的性能，同时人们又有对它满足的欲望，才能产生效用。这是一种主观的使用价值。人们的满足程度，决定对该种产品的需求。当满足程度达到最大值时，就是人们对该种产品的最合适的需求。

水资源为社会服务的不同用途——生活、农业、工业和生态，类似于市场经济中消费者对四种产品的需求。假设水资源的需求主要受消费者的收入、水资源价格和水资源可利用总量的限制，利用线性支出系统的效用函数推求水资源的需求函数，可建立水资源的效用函数及需求函数模型。

假设水资源服务对象分为四大类，即农业用水、工业用水、生态用水和生活用水，由于生态环境相对人类而言，不具有能动性，所以生态环境的基本用水需求不需要像生活、工业、农业基本用水需求一样，需要付出相应的代价；而且生态环境基本用水量是就生态环境而言的，人类在此类用水方面不存在满足程度评价关系。因此，为了因此保证效用函数的有效性，生态环境的基本用水量与生态环境用水价格，在此效用函数中不作讨论。在保证居民基本生活用水 $Q^{需}_{生活0}$、维持粮食安全产量用水 $Q^{需}_{农业0}$ 和工业基本用水量 $Q^{需}_{工业0}$ 前提下，追求水资源使用效用的最大化。农业用水价格用 $P_{农业}$ 表示，工业用水价格用 $P_{工业}$ 表示，生活用水价格用 $P_{生活}$ 表示。由于生活、农业、工业中各个用水户对于用水效用的支付意愿难以确定，故消费预算约束只以居民生活、工业、农业整体对水资源消费的预算支出 M（结合恩格尔系数与水资源消费占收入总额比例）表示，因此可以用 $M_{农业}$、$M_{工业}$、$M_{生活}$ 分别表示为农业灌溉、工业企业、居民生活对于水资源消费的预算支出。设水资源满足四大类服务目标的总效用为 U，追求效用最大化，则构造水资源的需求函数模型如下：

$$\max U = a_{农业}\ln(Q^{需}_{农业} - Q^{需}_{农业0}) + a_{生活}\ln(Q^{需}_{生活} - Q^{需}_{生活0})$$
$$+ a_{工业}\ln(Q^{需}_{工业} - Q^{需}_{工业0}) + a_{生态}\ln Q^{需}_{生态} \tag{5.1}$$

约束条件：

$$P_{农业}Q^{需}_{农业} \leqslant M_{农业} \tag{5.2}$$

$$P_{生活}Q^{需}_{生活} \leqslant M_{生活} \tag{5.3}$$

$$P_{工业}Q^{需}_{工业} \leqslant M_{工业} \tag{5.4}$$

$$0 < a_{农业}、a_{工业}、a_{生活}、a_{生态} < 1 \tag{5.5}$$

$$a_{农业} + a_{工业} + a_{生活} + a_{生态} = 1 \tag{5.6}$$

$$Q_{农业}^{需} + Q_{工业}^{需} + Q_{生活}^{需} + Q_{生态}^{需} \leqslant Q_{总} \tag{5.7}$$

$$Q_{农业}^{需} > Q_{农业0}^{需}, Q_{工业}^{需} > Q_{工业0}^{需}, Q_{生活}^{需} > Q_{生活0}^{需} \tag{5.8}$$

式中　$Q_{生活0}^{需}$、$Q_{农业0}^{需}$、$Q_{工业0}^{需}$——生活、农业、工业对水资源的基本需求量，m^3；

$\quad\quad$ $Q_{农业}^{需}$、$Q_{工业}^{需}$、$Q_{生活}^{需}$、$Q_{生态}^{需}$——用水效用最大化时，农业、工业、生活、生态对水资源的需求量，m^3；

$\quad\quad$ $M_{生活}$、$M_{工业}$、$M_{农业}$——居民生活、工业、农业整体对水资源消费的预算支出，元；

$\quad\quad$ $Q_{总}$——目前可利用的水资源总量，m^3；

$\quad\quad$ $a_{农业}$、$a_{工业}$、$a_{生活}$、$a_{生态}$——农业、工业、生活、生态用水效用偏好系数；

$\quad\quad$ $P_{生活}$、$P_{工业}$、$P_{农业}$——生活、工业、农业用水的水资源价格，元/m^3。

5.1.2.3　目标利润最大化的水资源供给函数模型

"供给、需求、平衡"是经济学最基本、最核心的六个字。法国经济学家里昂·瓦尔拉斯（Leon Walras，1874）在《纯粹政治经济学纲要》一书中最早给出了关于市场价格的供求平衡方程。在经济利益的驱动下，"水资源生产者"即供水方追求生产利润最大化的目标或法则，通过生产函数建立最优生产的供给函数模型。

在市场经济中，利润等于售价减去成本。在本书中水资源的生产利润目标为 $\max \pi_i = P_i Q_i - C_i$。其中，$\pi$ 为"水资源生产者"追求的生产利润；P_i 为第 i 类水资源服务对象的价格；Q_i 为第 i 类水资源服务对象的水资源实际用途；C_i 为第 i 类水资源供水的完全成本，由水资源生产的制水成本、配送成本、期间费用组成。水资源的生产函数，由水资源供给量与总的投入费用 C_i 相关分析可得：$C_i = f(Q_i)$。

本书中水资源为社会服务的不同用途——生活、农业、工业和生态，类似于"水资源生产者"向市场经济中的消费者（即用水户）提供的四种产品。其中，生态用水没有经过"水资源生产者"的加工、制造、配送等，所以它不在"水资源生产者"目标利润的考虑范围之内。设"水资源的生产者"追求的生产利润为 π，追求目标利润最大化，则构造水资源的供给函数模型如下：

$$\max \pi = P_{农业} Q_{农业}^{供} + P_{工业} Q_{工业}^{供} + P_{生活} Q_{生活}^{供} - C_{总} \tag{5.9}$$

约束条件：

$$C_{总} = f(Q_{生活}^{供} + Q_{农业}^{供} + Q_{工业}^{供}) \tag{5.10}$$

$$P_{农业} > 0, P_{工业} > 0, P_{生活} > 0, \tag{5.11}$$

$$P_{农业} Q_{农业}^{供} + P_{工业} Q_{工业}^{供} + P_{生活} Q_{生活}^{供} > C_{总} \tag{5.12}$$

式中　$Q_{生活}^{供}$、$Q_{农业}^{供}$、$Q_{工业}^{供}$——目标利润最大化时，生活、农业、工业水资源供给量，m^3；

$P_{生活}$、$P_{工业}$、$P_{农业}$——生活、工业、农业用水的水资源价格，元$/m^3$；

$C_{总}$——"水资源生产者"提供水资源所要支付的总的成本，元。

5.1.2.4 基于供求平衡的水资源价格模型求解

联立用水效用最大化水资源需求函数模型与目标利润最大化的水资源供给函数模型。设水资源的供给总量等于水资源的需求总量，当目标函数达到最大时，即水资源用水效用与目标利润同时达到最大时，可求得水资源的最优分配情形。然后根据求得的水资源对各个行业的最优分配水量，可以求出在供给平衡条件下的水资源价格 F_1，见公式（5.13）～公式（5.26）（公式中符号意义同前）。

$$\max Welfare = a_{农业}\ln(Q_{农业}^{需}-Q_{农业0}^{需})+a_{工业}\ln(Q_{工业}^{需}-Q_{工业0}^{需})$$
$$+a_{生活}\ln(Q_{生活}^{需}-Q_{生活0}^{需})+a_{生态}\ln Q_{生态}^{需}$$
$$+P_{农业}Q_{农业}^{供}+P_{工业}Q_{工业}^{供}+P_{生活}Q_{生活}^{供}-C_{总} \tag{5.13}$$

约束条件：

$$Q_{农业}^{供}=Q_{农业}^{需} \tag{5.14}$$

$$Q_{生活}^{供}=Q_{生活}^{需} \tag{5.15}$$

$$Q_{工业}^{供}=Q_{工业}^{需} \tag{5.16}$$

$$P_{农业}Q_{农业}^{需}\leqslant M_{农业} \tag{5.17}$$

$$P_{生活}Q_{生活}^{需}\leqslant M_{生活} \tag{5.18}$$

$$P_{工业}Q_{工业}^{需}\leqslant M_{工业} \tag{5.19}$$

$$0<a_{农业},a_{工业},a_{生活},a_{生态}<1 \tag{5.20}$$

$$a_{农业}+a_{工业}+a_{生活}+a_{生态}=1 \tag{5.21}$$

$$Q_{农业}^{需}+Q_{工业}^{需}+Q_{生活}^{需}+Q_{生态}^{需}\leqslant Q_{总} \tag{5.22}$$

$$Q_{农业}^{需}>Q_{农业0}^{需},Q_{工业}^{需}>Q_{工业0}^{需},Q_{生活}^{需}>Q_{生活0}^{需} \tag{5.23}$$

$$C_{总}=f(Q_{农业+工业+生活}) \tag{5.24}$$

$$P_{农业}>0,P_{工业}>0,P_{生活}>0 \tag{5.25}$$

$$P_{农业}Q_{农业}^{供}+P_{工业}Q_{工业}^{供}+P_{生活}Q_{生活}^{供}>C_{总} \tag{5.26}$$

5.1.3 第三方影响对于水权扭转定价的影响

水权交易中的第三方影响是指在水权交易活动中，交易主体的交易行为对第三方的利益造成损害或给其带来收益，第三方无端地承担了这些损害或获得收益，没有为其受到的损害得到应有的补偿，或者没有为其得到的收益支付相应的成本。水权交易的第三方影响可能是积极影响（即为第三方带来一定的收益），也可能是消极影响（即对第三方产生一定的损害）。无论是积极影响还是消极影响，都对水权交易的公平与效率产生了不利的影响，从而遏制了水权交易体系的建设与完善。

水权交易的第三方影响属于外部性问题，外部成本内部化是消除水权交易过程中第三方影响的必要手段。水权交易过程中的第三方积极影响包括对经济发展、技术进步、生态环境改善等方面产生的积极影响；第三方消极影响主要包括抑制经济发展、降低社会生活质量、破坏生态环境等。总的来说，水权交易过程的第三方影响主要体现在经济发展、社会生活和生态环境这三个方面。为了实现水权交易过程中的外部性成本（即第三方影响）内部化，应当将水权交易过程中对经济发展、社会生活、生态环境这三方面的影响加权计入水资源价格。

因此，从经济、社会和环境三个方面对供求平衡资源价格进行调整，则可以得到调整后的水权价格为

$$F_2 = F_1 bcd \tag{5.27}$$

式中　F_1——根据上述的供求平衡模型得出的供求平衡条件的水资源价格；

　　　b——水权交易过程中对经济发展所造成的影响的评价指标；

　　　c——水权交易过程中对社会生活所造成的影响的评价指标；

　　　d——水权交易过程中对生态环境所造成的影响的评价指标。

F_1 由供求平衡模型求解得出，见式（5.13）～式（5.26）。

5.2　同行业内不同用户间水权交易机制研究

5.2.1　农业水权转换价格形成机制

5.2.1.1　目前存在的问题

黑龙江省农业水价定价及调整机制仍有待完善，主要问题如下：

（1）部分地区水量计量及水价测算工作仍比较滞后，水价科学量化无法实现。例如部分农业灌区目前在水价测算过程中，计量不健全，计算方法多是按照水管单位的相关费用倒推出水价，这种计算方法，不但不符合终端水价的科学测算方法，也不能反映区域节水目标、水资源的使用效率以及水资源规划效率等问题。

（2）水权确权工作后，相应的初始水权定价工作仍没有积极推进。由于水价和初始水权价格的出发点不同，在初始水权定价过程中，应更多地体现水资源的稀缺性，通过市场规律来缓解水资源危机，并通过价值规律使水权从低价值方向高价值方，倒闭带来的节水效应。因此，如完全按照农业水价改革的全成本水价模式来确定初始水权价格，无法推进水权交易工作的下一步开展。

（3）随着生态文明建设的发展，水权交易应包含更多内涵，应更多地考虑社会公共、经济绿色发展、环境可持续发展等因素，调整初始水权价格，以调整水权价格促进水资源的合理配置、调整受水区产业结构、人水可持续发展。

（4）水权确权之后，目前水市场仍不完善，市场机制并未考虑到水权水价定价中来，不能发挥市场的激励作用，节水效率难以发挥。因此，根据黑龙江省具体情况，结合试点实际情况，构建合理的水价形成体制，并完善其调整机制，引入市场机制，迫在眉睫。

5.2.1.2 农业水权转换价格形成机制的制定

从理顺水价形成机制入手，充分分析区域水资源稀缺性，以发挥市场的激励作用，提高水资源的配置效率、节水效益为出发点，综合考虑社会、经济、环境等影响因素，根据具体供求关系，制定符合区域发展的将农业水权转换价格形成机制，分为四个步骤进行，如图 5.2 所示。

（1）针对前期测算不准的问题，根据农业水价改革水价终端水价核算方法体系，计算区域全成本水价。

（2）分析水资源（时间及空间带来）的稀缺性，在考虑节水的情况下，制定初始水权价格。

（3）充分考虑社会、经济、环境因素，采用多层次调整法，对初始水权进行调整，获得调整水权价格。

（4）考虑区域间供求关系，加入市场机制，进行水权交易，获得水权转换价格。

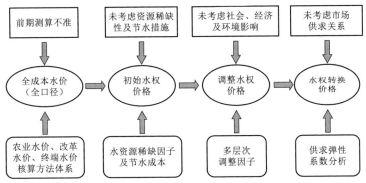

图 5.2　农业水权转换价格形成思路图

5.2.2　基础条件

进行水权流转价格定价，需要有完善的水权交易市场，并有一系列基础条件，包括法律制度保障、市场经济体制及水资源价值观念、初始水权分配和水量分配、较为紧张的水资源供求关系、用水计量和定价机制、交易实施硬件设施保障（工程条件）等。

5.2.2.1　法律制度保障

健全的定价机制是水权交易制度的核心内容。整体来看，当前相关制度条件尚不具备。《中华人民共和国水法》第七条规定："国家对水资源依法实行取水许可制度和有偿使用制度"。水资源费征收制度是依照国家法律规定，对开发利用水资源的行为征收自然资源费用的法律制度，是水资源有偿使用原则的实现形式。水权交易价格必然包括水资源费，再加上相关的交易费用以及合理利润。缺乏对水权交易中如何纳入水资源费管理的规定，对于水权交易合理的费用和利润也没有规范。制定规范的水权交易价格协商制度十分必要。

5.2.2.2　市场经济体制及水资源价值观念

市场经济体制是以价格引导供求双方自愿交易来实现资源配置的一种体制。相对于以行政指令"自上而下"配置资源的计划经济体制，市场经济体制是借助价格信号实现资源配置的制度安排。党的十九大进一步明确了"使市场在资源配置中起决定性作用，更好发挥政府作用"的原则，强调"经济体制改革必须以完善产权制度和要素市场化配置为重点，实现产权有效激励、要素自由流动、价格反应灵活……"，我国社会主义市场经济体制不断深化和完善。完善水权制度，充分利用市场机制开展水权转让，成为水资源领域改革的重要选择之一。

水资源具有价值，是以劳动价值论和效用价值论作为理论基础的，是真实存在的客观经济现象。根据劳动价值论，当今几乎已不存在没有任何人类劳动印记的水资源，人类必须对水资源的再生产投入劳动，整个现存的、有用的、稀缺的水资源都表现为具有价值。价值量的大小就是在水资源的再生产过程中人类所投入的社会必要劳动时间，如为保护水生态与环境的良性循环、实现以水资源可持续利用支撑国民经济可持续发展而付出的必要劳动时间。根据效用价值论，水资源作为基础性自然资源和战略性经济资源，对人类生存和生产不可或缺，其价值不言自明。

但水资源价值是否能形成观念，则与水资源稀缺性有密切关系。从我国情况看，我国是世界上 13 个贫水国之一，人均水资源量不足 2200m³，只有世界人均水平的 1/4。随着经济社会快速发展，水资源短缺和水生态环境破坏问题不断凸显，水资源稀缺性逐步提高。为获得有限的水资源不得不投入更多的劳动，水资源不但具有价值，而且其价值呈现由小到大的趋势。水资源价值的观念在逐步深入人心。

5.2.2.3 初始水权分配和水量分配

初始水权分配是界定和明晰水权的重要方式，是水权转让的基础和先决条件。通过初始水权分配，明晰客体权属和主体的权利义务，可为主体提供有效的转让激励和利益保障，促进水权转让有序进行。水权分配要以水量分配为前提。水量分配是通过把流域水循环转化和水资源利用的供、用、耗、排过程紧密联系起来，进行水量和水质的平衡分析，将可分配水量"自上而下"向流域、行政区逐级分配，为加强水资源管理、指导经济社会发展用水以及合理开发利用水资源提供依据。初始水权分配是在水量分配成果基础上，通过对水资源分配的深化和确权来完成，即把由流域分解到行政区的水资源进一步分解到具体的水资源使用者手里，辅之以取用水许可等形式，明确其相应的权利和应承担的义务。如果缺少初始水权分配，水权转让客体界定不清，转让主体的权利和义务不明，则水权转让难以合法有序进行。黑龙江省初始水权的分配和水量分配工作已经基本完成，为下一步水权交易打下了良好的基础。

5.2.2.4 较为紧张的水资源供求关系

水权制度是在水资源管理的发展过程中，随着用水需求不断增加和用水竞争的日趋激烈，而逐步完善的一种管理制度。水资源供不应求是水权转让的重要前提。水资源供不应求时，水资源需求者无法以所拥有的水资源满足自身对水资源的需要。无论是水资源禀赋先天不足，还是由于水资源需求过大，只有水资源成为稀缺品，缺水一方需要，才有可能通过水权转让来获得额外的水资源，弥补自身的水资源供需缺口，满足水资源需求。

从黑龙江省的实际情况来看，区域性的农业水资源供需矛盾是广泛存在的。如部分地区由于供水设施较好，枯水期供水能力强，可以成为潜在的农业水权供给方；相反，另外一些地区由于自然人文条件差，枯水期无法保证水资源供给，因此将成为潜在的买水方。供求不均促使水权市场得以完善，农业水权交易得以实施。在无法获得新增水源，不能满足人口增长和经济社会发展的水资源需求时，水权转让成为解决途径。可以预见，随着最严格水资源管理"三条红线"的深入实施，水资源刚性控制和约束日益强化，区域性的农业水资源供需矛盾将不断凸显，成为开展农业水权转让的巨大动力。

5.2.2.5 用水计量和定价机制

完善的用水计量是水权交易开展的前提和基础。要求实现水资源管理信息化，大幅提高水资源监测、用水计量等水资源监控能力。客观来看，黑龙江省绝大多数地区的农业用水已进行了计量支撑。同时，也对农业水价定价有了大量的研究。

5.2.2.6 交易实施硬件设施保障

水利基础设施是开展水权交易所必备的，其中工程设施包括管道工程、取水工程以及跨区域水权交易的调水工程等。只有在水利基础设施基础条件较好的地方，才可能促成水权交易。如在庆安地区，柳河水库灌溉工程等各类设施在内的输配水系统较完整，实现从水源源头到田间地头的全覆盖，其有效支持了当地的农业用水；完善的输配水设施条件，为实施水权转换提供了良好的工程条件。水权的分配、实施和转让需要依托一整套计量设施、监测设施和实时调度系统，这些设施是实施水权管理的重要硬件基础。但在部分试点中也可以看到，计量设施的匮乏已经成为当地推行水权制度的"瓶颈"。这说明，各地区在建立总量控制和定额管理体系的同时，必须重视计量、监测和调度设施的建设。

5.2.3 农业水权扭转价格测算方法

5.2.3.1 现行水价全成本定价测算口径（F_1）

参照"农业水价改革中水价终端水价核算方法体系"，对农业终端水价（或工程水价）进行核算，将固定资产折旧/修理/日常维护费用、其他生产成本费用、资产和费用分摊、管理费用（包括办公费用、会议费、通信补助费、交通补助费及管理人员合理的误工补贴等）、配水人员劳务费用等纳入工程水价进行套算，获得初始水价（F_2）。若现行条件不允许，也可再进行下一步套算，将现行水价（F_1）作为初始水价（F_2）测算使用（$F_1 = F_2$）。

农业终端水价核算是指整个农业灌溉用水过程中，农民用水户在田间地头承担的经价格主管部门批准的最终用水价格。农业终端水价由国有水利工程水价和末级渠系水价两部分构成：国有水利工程水价是指国有水管单位水利工程产权分界点以上所有骨干工程的成本，费用总和与产权分界点量测的农业供水量之比；末级渠系水价是指国有水管单位水利工程产权分界点以下末级渠系供水费用与终端供水量之比。

（1）国有水利工程农业供水价格由供水生产成本费用构成。供水生产成本是指正常供水生产过程中发生的职工薪酬、直接材料费用、其他直接支出、制造费用以及水资源费等。供水生产费用是指供水经营者为组织和管理供水生产经营而发生的合理销售费用、管理费用和财务费用等期间费用。国家规定农业水价不计利润和税金。国有水利工程水价核算的包括以下内容：

1）固定资产折旧。固定资产折旧原则上按各类固定资产价值，折旧年限，分类核算，一般采用平均年限法（或工作量法）分类计提。

2）固定资产大修理费。固定资产大修理费原则上按照审核后固定资产价值的 1.4％核算，也可根据水利工程状况在审核后固定资产价值 1％～1.6％的范围内合理确定。

3）日常维护费用据实核算，计入当期供水生产成本，费用。

4）其他生产成本、费用。生产经营中发生的其他生产成本、费用，原则上按有关财务制度和政策规定的标准据实核算。

5）资产和费用分摊。具有多种功能的综合利用水利工程的共用资产和共同费用，应在各种不同功能之间进行分摊。分摊顺序是：首先在公益服务和生产经营之间进行分摊，再扣除其他生产经营应分摊的部分，得出农业供水应分摊的资产和生产成本费用。

6）供水量的确定。农业用水年平均供水量一般按照最近 5 年平均实际供水量确定。如果最近几年连续出现较严重干旱或洪涝灾害，或者供水结构发生重大变化，年平均供水量的计算期可以适当延长。

7）水价的确定。国有水利工程农业供水价格按照下式计算：

国有水利工程农业水价＝国有水利工程农业供水生产成本和费用/农业供水量。

（2）末级渠系水价由管理费用、配水人员劳务费用和维修养护费用构成。管理费用是指农民用水户协会为组织和管理末级渠系农田灌溉所发生的各项费用，包括办公费用、会议费、通信补助费、交通补助费及管理人员合理的误工补贴等。配水人员劳务费用是指农民用水户协会在供水期内聘用配水人员所支付的劳务费。维修养护费用是指农民用水户协会对灌区斗渠及以下供水渠道和设施每年必须进行的日常维修、养护费用。末级渠系水价在明晰产权、清产核资、控制人员、约束成本，以及清理、取消农业用水中不合理收费和搭车收费的基础上，按照补偿末级渠系运行管理和维护费用的原则核定。末级渠系供水费用测算包括以下内容：

1）管理费用测算。农民用水户协会成立 3 年以上的，可按近 3 年平均实际合理支出测算。农民用水户协会的日常管理人员原则上应控制在 5 人以下，其中灌溉面积在 5000 亩以下的，应控制在 3 人以下。

2）配水人员劳务费用的测算。供水期内聘用的配水人员劳务费用可按当地农村劳动力价格和配水工作量合理确定，农业末级渠系供水配水人员原则上应按每万亩 3～5 人控制。

3）维修养护费用的测算。维修养护费用按农民用水户协会所管理的末级渠系固定资产的一定比例确定，一般控制在 1.0％～1.5％范围内。试点项目区的固定资产总额是指末级渠系工程改造所形成的全部固定资产。试点项目区原已登记明细台账的固定资产，可根据实际情况适当调整固定资产总额。

（3）终端供水量的确定。按照国有水利工程供水计量点近 5 年平均年供水量乘以工程改造完成后末级渠道平均水利用系数确定，即：终端供水量＝国有水利工程供水量/末级渠道水利用系数。农民用水户协会规范化运作后，在终端计量设施完备的情况下，按照终端计量点计量的水量作为终端供水量。

（4）末级渠系水价测算。末级渠系水价按照末级渠系供水费用除以终端供水量计算，即：末级渠系水价＝末级渠系供水费用/终端供水量。

（5）终端水价测算。终端水价＝国有水利工程水价/末级渠道平均水利用系数＋末级渠系水价。

1）测算方法。以水费占亩均产值5％～8％，占亩均纯收益10％～13％测算农民水费承受能力范围。

2）基础数据收集。测算农民水费承受能力一般要收集当地灌溉定额、亩均农业产值、亩均农业纯收益等数据。灌溉定额应根据灌区种植的农作物种类、田间灌溉方式和复种指数综合确定。采用的灌溉定额应是经人民政府颁布的，没有颁布灌溉定额的应参考同类地区确定。亩均产值、亩成本和亩均纯收益根据作物种植制度和复种指数综合确定。要对灌区内各种作物的成本、收入进行入户调查，同时借鉴当地统计部门公布的相关数据。

5.2.3.2　考虑水资源稀缺性与节水措施的初始水权价格 （F_2）

由于在实际工作中，相关数据难以全部获取，因此将 F_1 简化表达如下：

$$F_1 = \sum_{i=1}^{I} \sum_{t=1}^{T} \left(D_{it} + R_{it} + C_{it} + B_{it} + \sum_{k=1}^{K} T_{ikt} \right)/W_{it} \tag{5.28}$$

式中　F_1——某一区域的初始水价，其具体应参照"农业水价改革中水价终端水价核算方法体系"套算；

　　i——地区；

　　k——第 k 个水利工程；

　　t——规划周期；

　　D_{it}——某一区域 i 的水利工程或水管单位固定资产折旧额；

　　R_{it}——某一区域 i 的日常维护费；

　　C_{it}——某一区域 i 的其他生产成本费用；

　　B_{it}——某一区域 i 的资产和费用分摊；

　　T_{ikt}——某一区域 i 的管理费；

　　W_{it}——某 i 地区的水量。

同时，考虑农业节水措施及其相关效率，考虑节水成本 K_{ijt}，则节水措施的初始水权价格为

$$F_{1save} = \sum_{i=1}^{I} \sum_{t=1}^{T} \left(D_{it} + R_{it} + C_{it} + B_{it} + \sum_{k=1}^{K} T_{ikt} + \sum_{j=1}^{J} K_{ijt} \right)/W_{it} \tag{5.29}$$

初始水权价格建立在现有农业水价测算的基础上，考虑水资源的稀缺性，在此引入水资源稀缺因子 α，其赋值 0.8、0.9、1.0、1.1、1.2 分别代表水资源极其丰富区、丰富区、普通区、半匮乏区、匮乏区。同时，考虑农业节水措施及其相关效率，并考虑节水成本 K_{ijt}。因此，若按该测算体系测算，则其初始水权价格为

$$F_2 = \alpha \cdot F_{1save}$$

$$= \alpha \cdot \sum_{i=1}^{I} \sum_{t=1}^{T} \left(D_{it} + R_{it} + C_{it} + B_{it} + \sum_{k=1}^{K} T_{ikt} + \sum_{j=1}^{J} K_{ijt} \right) / W_{it} \tag{5.30}$$

5.2.3.3　第三方指导的调整水权价格（F_3）

（1）问题分析。黑龙江省由于水价水平大大低于供水成本，同时水费实收率达不到百分之百，农田水利管养经费缺口大，水管单位可用于维修、抢险、日常运营的资金严重不足。一方面，农民对于农业水价的制定心存疑惑，并有着抵触心理；另一方面，水管单位农业水费收入锐减，生存和发展困难。因此，解决好农业水价问题已经成为协调农户和水管单位间矛盾的关键步骤，是农业水价改革面临的最突出问题。灌区工程状况差，末级渠系水价秩序混乱，搭车收费现象严重是当前农业水价偏低与农民实际水费负担重这一矛盾存在的主要原因。具体来说，农业水价偏低的原因主要有三个方面：当前农民收入水平不高，农业比较效益低，从农民承受能力角度考虑，政府在制定农业水价时，一般都大大低于供水成本；大部分地区的末级渠系水价还没有纳入政府价格管理范围，乡、村两级或有关部门代为计收水费又缺乏相应的监督管理机制，导致末级渠系所收水费偏高，挤占了大量的价格空间；由于计量设施不完善，无法实现计量收费，农民大多按亩交费，政府制定的价格与农民实际缴纳的水费之间缺乏量化关系，导致对农业水价改革的误解。在农业水价改革难以推动的同时，农民实际水费负担却比较高。主要有两个方面原因：一是搭车收费和截留挪用现象严重。二是农田水利工程不配套，计量手段和量测水设施不完善，难以实行计量收费，目前许多地方仍是通过行政手段，按耕地面积收取农业水费，这种收费方式导致没有灌溉的农民也要缴纳水费，增加了负担，也为搭车收费提供了便利条件。

（2）调整的依据及原则。F_2 测算过程中只考虑水管单位自身资金满足度及水资源的稀缺性，并未能顾及农民的可承受能力，导致水价的合理性及农户可接受度都比较低。因此，应从社会、经济和环境三个方面对初始水价（F_2）进行调整。特别是随着经济、社会发展，黑龙江省农业用水呈现出需求多样化、用水效率差异化、水供给差别化的趋势，再加之区域水资源环境的不同，根据地区、行业、社会经济、供需关系的特点来制定差别化的水价是实现水资源合

理高效利用的有效途径。但是，由于水是准公共产品，纯粹用市场、价值规律来制定水价又容易影响人民生活水平的提高，带来部分不良社会影响。因此，建立合理的水价调整机制已成为黑龙江省水价制定过程中不可忽视的部分。水资源价格是其自然属性与社会属性结合所形成的，水资源的准公共产品特性，决定了水价一方面需根据各地区或流域的水资源供求平衡来确定，另一方面也要考虑用户承受能力及社会长期效益来确定。在水需求各个环节中，各类用水需求对水量的要求不同，不同水质、水量的水价拉开档次而且构成合理，将会使水资源供求矛盾得到缓解。水价的差异程度从水质、水量、时间、地点、用途、规划等方面将水资源的价格进行了科学的区别化处理，在考虑经济效益的同时兼顾社会效益，通过差别化、可调节的弹性水价制度实现水资源的可持续发展。由于黑龙江省不同地区的实际需水情况及用水效率的差异较大，水资源价格的标准也应体现出差别化，因此，水资源价格机制应根据地区的特点确定有差别的水资源价格，因地制宜，发挥有限水资源的最大效益。与此同时，按照"三条红线"的要求，水价的制定既要关注节水、控污，也要注重高效、全局，同时还要关注社会的公平、生态的平衡，因此，建立差别化的水价制度成为必然。通过差别化水价标准的建立，不仅能实现水资源的高效、合理开发利用，更有助于实现社会的公平和和谐。特别是在社会、经济增长方式转型的今天，应进一步发挥市场机制对水价的作用，合理确定水价，规范水价管理，从而实现水资源的优化配置。差别化水价在其影响体系下确立后，还应根据可持续发展的要求进行一定的修正与调整，从以下几个方面进行研究：

1）以公平性为立足点差别化水价进行修正调整。差别化的水价虽然在一定程度上考虑了地区的差异，但由于用水户的承受能力不是无限的，在强调减轻绝对贫困、满足基本需要的同时，水价的制定还需要考虑其带来的社会问题，即水价对水资源分配、社会收入分配的公平性的影响问题。公平性要体现为水资源在社会成员间分配的差别在社会全体成员可以接受的范围内。

2）根据外部性对差别化水价进行修正调整。水资源经过消费者或经济活动使用后，将消耗一部分水量，并排放另一部分带有各种污染物的水体，从而给其他水资源使用者带来一个被污染的环境，这种外部性行为是将应由消费并污染水的使用者自己承担的污染成本转嫁给社会。如果这种行为不受到限制，将产生出更多这样的水消费者，造成越来越严重的环境污染和水污染，增大社会成本，减少水资源的可利用量。因此，差别化水价的制定应根据外部性事件的发生对水价进行适当的修正，特别是针对可能存在消极外部性的用水者进行合理的治污成本分摊及惩罚，有利于消除消极外部性对水资源的持续利用的影响。其次，以生态平衡性为依据对差别化水价进行修正调整。尽管水资源是可再生资源，但无节制及过度的开发利用可能导致水资源所依存的环境和以水为基础的环境不可再生。因此，水价中应考虑包含水资源开发利用的外部成本，即水资源开发利用的环境代价。

（3）影响水权价格调整的因素。由于水权价格制定过程中，其受自然（包括自然条件差异、水质水量差异和时空差异）和使用（用途差异的用量差异）等因素影响，更包括了环境、市场需求、社会效益、社会长期等因素的影响。因此，水资源定价后，还需要根据实际情况，对水权价格进行合理的调整修正，使之更符合市场的需求、人民生活水平及社会发展的要求。水权价格的确定不仅需要考虑自然因素，还需考虑市场的因素，更需要考虑社会因素，即从水资源的自然属性、资源价值属性和社会属性入手，全面地将影响水价的因素考虑进水权价格定价标准中来。

1）自然因素。水资源是一种自然资源，水资源的时空分布不均决定了水资源数量和质量的不同，水的多少直接影响着水的价值，水权价格作为体现对水资源资产占有而付出的一种补偿，应作为维持水资源持续供给的最基本前提。

2）环境因素。随着工农业的发展及城市生活用水规模的扩张，水资源在获取使用的过程中，还会对环境产生一定程度的破坏和影响（如排污、污染、生态破坏等），因此，水权价格中应考用水对环境的破坏、补偿和恢复价值。

3）资源稀缺因素。水资源作为一种资源，由于受到自然条件影响，也存在稀缺性，这种稀缺性会影响其在市场中的需求与供给，并直接影响水权价格。

4）社会因素。水不仅是自然资源，更是社会准公共资源，水资源与社会经济发展关系密切，社会经济发展水平、用水户承受能力、政策、体制等因素直接影响了水的价格。水权价格在制定的过程中，不仅要考虑公平和效率的问题，更要考虑用户的承受能力、经济发展水平、外部性等问题。

（4）调整方法。基于地租理论，根据水资源的各影响因素带来的权益不同，得出基本的水权价格的方法。在水权价格的测算过程中，由于影响水权价格定价的因素包括自然差异、时空差异、用途差异、用量差异等，因此得出的是差别化的水权价格定价公式：F 为未调整之前的水权价格，其等于工程水权价格、级差水租（反映水资源由于自然条件差异造成的水资源利用的权益收入差异）、水资源的稀缺价值（反映的是由于时空差异带来的水资源的稀缺价值的差异）、水资源选择性价值（由于不同水资源用途选择而产生的收益差别）与水资源超定额价值（反映的是水资源超过定额用水实行高的价格）之和。根据加性加权法，从社会、经济、环境三个层面对差别化水价进行调整，使之更符合当地的实际情况。

F_2 测算过程中只考虑水管单位自身资金满足度，并未能顾及农民的可承受能力，导致水价的合理性及农户可接受度都比较低。因此，从社会、经济和环境三个方面对初始水价（F_2）进行调整，则可以得到调整后的水权价格 F_3 计算公式如下：

$$F_3 = F_2 bcd$$

$$= \left[\alpha \sum_{i=1}^{I} \sum_{t=1}^{T} \left(D_{it} + R_{it} + C_{it} + B_{it} + \sum_{k=1}^{K} T_{ikt} + \sum_{j=1}^{J} K_{ijt} \right) / W_{it} \right] bcd \quad (5.31)$$

其中影响地区经济的调整指标包含地区万元 GDP 耗水量、农田灌溉用水有效利用系数；影响地区社会发展的调整指标包含（居民）收入水平和水价承受能力；影响地区环境的调整指标包含总氮流失系数和总磷流失系数（表 5.1）。

b 赋值 0.90，0.95，1.00，1.05，分别表示万元 GDP 耗水和农田灌溉用水有效利用率很高、较高、普通、较低和很低的地区。

c 赋值 1.20，1.10，1.00，0.90，0.80，分别表示社会区域收入水平和水价可承受能力很高、较高、普通、较低和很低的地区。

d 赋值 0.90，0.95，1.00，1.05，1.10，分别表示区域靓、磷污染排放率很高、较高、普通、较低和很低的地区。

表 5.1　　　　　　　　　社会、经济、环境调整系数标准表

调整指标	所占权重	赋　　值				
经济调整指标 b	30%	0.9	0.95	1	1.05	1.1
万元 GDP 耗水 /（吨/万元）	50%	[435，+∞)	[390，435)	[350，390)	[300，350)	[0，300)
农田灌溉用水有效利用系数	50%	0.65	0.6	0.55	0.5	0.45
社会调整指标 c	40%	1.2	1.1	1	0.9	0.8
收入水平 /元	50%	[30000，+∞)	[15000，30000)	[8000，15000)	[4000，8000)	[0，4000)
可承受能力 /（元/亩）	50%	[110，135]	[95，110)	[85，95)	[75，85)	[50，75)
环境调整指标 d	30%	0.9	0.95	1	1.05	1.1
总氮流失系数	50%	[0.009，0.010]	[0.010，0.011)	[0.011，0.012)	[0.012，0.013)	[0.013，0.02)
总磷流失系数	50%	[0.001，0.002]	(0.002，0.003)	(0.003，0.004)	(0.004，0.005)	(0.005，0.006]

（5）水价调整的效果评价。差别化水价的调整是以水资源供给量与水资源实际需求为基础，根据不同地区、行业的经济需求、社会效益和环境影响，在合理制定其差异度的同时，兼顾水的经济效益和社会效益。在调整的过程中应

注意：首先，水价应体现其自然价值，即在定价的过程中按照价值规律确定其资源价值；然后根据市场规律来确定其市场价格；最后根据其社会属性对其市场价格进行调整。由于水资源是准公共产品，在制定水价时既要体现效率，更要体现公平、外部性与生态平衡。因此在定价的过程中要遵循以水资源的价值为导向，依据市场规律，定价后遵循效率性、公平性、可承受性的原则对其标准进行调整。

5.2.3.4 基于市场供求的水权转换价格（F_4）

在水价调整的基础上，虽既考虑到水管单位利益，又考虑到农户可承受能力，但未将市场机制引入，不能通过市场起到激励作用，以提高水资源配置效益，实现节水减排目标。因此，需要培育水市场，在水权确权工作的推动下，以市场机制来优化水资源的合理配置，以供求关系来发挥水资源的调节收入分配职能，从而起到促进节约用水、调整受水区产业结构的作用。但是由于水具有公共物品性质，不能像一般商品一样完全由市场进行调节。市场行为本身的缺陷（市场失灵）只有通过非市场手段进行调整，即通过政府调节来完善水价形成机制。市场定价是指以市场供求关系为基础，对商品进行定价的方式。市场定价的模式适用于存在于市场环境中的商品交易，其优点是直接反映供求关系、市场敏感度强，并能直接地反映商品生产后销售的各类成本与利润，但缺点是可能会因为市场的局限性造成"市场失效"。市场定价的作用表现在：①通过市场供需关系来实现水价的平衡。有了水市场，水价就会随水市场内水的供需关系的变化而变化，水价实施成本核算，用水户及供水单位通过市场行为来实现水的价值，同时通过供求关系来实现水价值与其他人的潜在用水价值的平衡，价格可以随市场供求上下波动。②采用全成本定价来实现水价的全面管理。水价包括资源水价、工程水价和环境水价三部分，通过考虑供水的所有可能成本，把全部外部成本内部化，并转嫁给资源消耗和污染商品的生产者和消费者，来弥合私人成本和社会成本之间的差距。③追求利润最大化的过程同时也是水资源优化配置的过程。市场行为的目标是追求利润的最大化，任何一个市场主体都希望通过市场来实现自身利益的最大化，水资源是一种特殊的商品，水在市场行为中的目标除了追求利润的最大化之外，还有实现水资源的合理配置。水价应本着可持续利用、与市场需求同步、回收成本及实现合理利润和公平的原则，其体现方式就是以水价来实现水在提供、使用中的价值。

政府定价即商品的价格不以市场供求关系为基础，而是以政府的行政命令为准，对商品价格进行制定的过程。其适用于商品市场不健全的情况或公共产品，其优点是有利于国家对商品的价格宏观调控，缺点是容易脱离供求关系，造成所定价格偏离商品价值、价格机制僵化等问题。政府定价的作用表现在：

①政府在水价制定及水价管理过程中应发挥主导的作用，使水价能保证工程的正常建设与运营。政府应从公益性的目标出发制定一个比较合理的水价，制定水价时应考虑到工程的成本以及工程的正常运营，用政府行为弥补市场定价给工程带来的不利影响。②政府在水价管理中应权衡各方面的利益关系。政府在制定水价时，不仅仅是要考虑到受水区通过工程收益的问题，更要考虑到相关利益受损者的补偿问题，通过调整水价，来给予利益受损者一定的补偿。③政府在水价管理中应充分考虑到用水户承受能力。水价形成机制应与资本市场开放程度相协调，既可使水价在居民和企业的承受能力以内，同时又有利于保证水管单位资金。按照用水户承受能力定价模式，某些用水户群体或某些地区用水户享受的定价会比供水成本低，而由此形成的负收益应由那些承受能力大于服务成本且收益较大的用水户承担，以保证供水企业正常运行，水价制定中不可或缺的是用水户承受能力定价模式。④在涉及的地区、人员较多，水的占有、分配、生态补偿等问题比较复杂的情况下，需要政府作为相关调控人对其水价管理进行干预。

因此，在基于第三方指导的调整水权价格（F_3）的基础上，从某一区域 i 因为供求关系不同而产生的差别以及供求的迫切程度入手，对交易水价进行上下限界定。水权转换价格 F_4 计算公式如下：

$$F_4 = F_3 \frac{[(Q_{ijd} - Q_{ijs})/Q_{ijd}]GDP_{ijd}}{[(Q'_{ijs} - Q'_{ijd})/Q'_{ijs}]GDP'_{ijs}}$$

$$= \left[\alpha \sum_{i=1}^{I} \sum_{t=1}^{T} (D_{it} + R_{it} + C_{it} + B_{it} + \sum_{k=1}^{K} T_{ikt} + \sum_{j=1}^{J} K_{ijt})/W_{it} \right]$$

$$bcd \frac{[(Q_{ijd} - Q_{ijs})/Q_{ijd}]GDP_{ijd}}{[(Q'_{ijs} - Q'_{ijd})/Q'_{ijs}]GDP'_{ijs}} \tag{5.32}$$

式中　Q_{ijd}——i 地区 j 用户的需水量；

　　　Q_{ijs}——i 地区 j 用户获得的实际供水量；

　　GDP_{ijd}——i 地区 j 用户产生的 GDP。

F_4 可以反映不同地区、不同用户的缺水及需水的迫切程度，同时，用水单位产值（GDP）高的将被政策倾斜。

5.3　不同行业间水权交易技术应用模式研究（以虎林市为例）

5.3.1　研究区基本情况

虎林市 2016 年全年生产总值实现 131.9 亿元，其中，第一产业增加值 79.8亿元；第二产业增加值 17.1 亿元；第三产业增加值 34.9 亿元。第一产业增加值占生产总值比重为 60.5%；第二产业增加值占生产总值比重为 13.0%；第三产业增加值占生产总值比重为 26.5%。虎林市主要以第一产业即种植业、畜牧业、林牧渔业为主。

2016 年工业生产总值为 40.7 亿元，比上年下降 6.9%，实现增加值 8.6 亿元，按可比价格计算比上年增长 8.1%；2016 年虎林市工业总用水量 150 万 m^3，万元工业增加值用水量 17.6m^3。2016 年全国万元工业增加值用水量 53m^3。相较于全国万元工业增加值用水量，虎林市工业用水效率较高。

2016 年黑龙江农业灌溉用水用效系数是 0.65，虎林市实际农业灌溉用水有效利用系数 0.6。虎林市农业灌溉用水有效系数没有达到 2016 年黑龙江省的农业灌溉用水有效利用的系数，与发达国家农业灌溉用水有效利用系数相比也有一定距离。

上述万元生产总值用水量、万元工业增加值用水量、农田灌溉水有效利用系数三个指标中，万元生产总值用水量远高于全国平均水平，农田灌溉水有效利用系数低于全省平均水平，万元工业增加值用水量数值低于全国平均水平。但是由于虎林市工业发展规模较小，用水量较少，对于全市用水效率来讲，所占比例不大。总体而言，虎林市用水利用效率偏低，没有实现水资源的合理利用。

5.3.2 考虑第三方影响的市场供求平衡的水权转让均衡定价测算

5.3.2.1 用水效用最大化水资源需求函数模型

根据用水效用最大化水资源需求函数模型式（5.1）可知，在用水效用最大化水资源需求函数模型中，用水效用主要受各用水行业对水资源消费预算成本、各用水行业用水效用偏好系数、水资源价格、各用水行业对水资源需求总量以及各用水行业基本用水总量的限制。其中各用水行业对水资源消费的预算成本（M_i），可以用社会整体对水资源消费的预算支出（结合阶段发展系数与水资源消费占收入总额比例）表示；各用水行业用水效用偏好系数（a_i），通过查阅相关资料进行赋值；各用水行业基本用水总量（$Q_i^需$），通过查阅相关资料获得。将上述数据代入用水效用最大化水资源需求函数模型式（5.1）中，以期求得在用水效用最大化的条件下各用水行业的水资源需求量（$Q_i^需$），并最终求得各用水行业用水价格（P_i）。其中，下标 i 代表各个用水领域，在本书中指农业、工业、生活、生态。

（1）各用水行业的水资源消费的预算成本（M_i）。不同领域水资源消费预算可通过居民可支配收入（或地区生产总值）与地区经济发展系数和各领域水资源费用支出占总可支配收入的比重计算得出具体计算公式如下：

$$M_i = l \times 生产总值（或可支配收入）\times 水资源消费占比$$

99

相关文献给出：生活用水水费占居民可支配收入的 3％，工业用水水费占工业总产值的 3％，农业用水水费占农业总产值的 5％～15％。

黑龙江省 2016 年恩格尔系数为 27.7％，根据 $l=\dfrac{1}{1+e^{-1/0.277+3}}$，可计算出黑龙江省经济发展阶段系数 $l=0.65$，虎林市隶属于黑龙江省，虎林市的经济发展阶段系数可以认为约等于黑龙江省的经济发展阶段系数。

1）生活用水的消费预算（$M_{生活}$）。生活用水消费预算支出是指人们对生活用水的需求量得到满足时的水资源消费支出。可以根据阶段发展系数与水资源消费占居民可支配收入总额比例求得。查阅虎林市 2016 年国民经济和社会发展统计公报得出，虎林市 2016 年总的居民可支配收入为 52 亿元。按照国际标准生活用水费用支出应当占到居民可支配收入的 3％，但是考虑到虎林市经济发展现状以及居民的承受能力，虎林市生活用水费用支出占居民可支配收入的 2.5％比较符合虎林市现状。经过计算，$M_{生活}=5.2\times10^{9}$ 元 $\times0.65\times2.5％=84.5\times10^{6}$ 元 $=8450$ 万元，2016 年虎林市生活用水消费预算支出为 8450 万元。这样计算出来的生活用水消费预算支出相较于国际标准偏低。虎林市属于东北老工业基地，近年来经济发展相对落后，在考虑诸多因素后，认为虎林市生活用水费用支出可以适当偏低，但是应当随着经济发展逐步提高。同时，由于近年来，全国范围内经济发展追求的目标是平稳、健康发展，所以虎林市关于生活用水的消费预算支出近几年也不会发生太大波动。

2）工业用水的消费预算（$M_{工业}$）。工业用水消费预算支出是指人们对工业用水的需求量得到满足时的水资源消费支出。可以根据阶段发展系数与水资源消费占工业总产值的比例求得。由于无法获得虎林市 2016 年工业总产值，这里以第二产业总产值代表工业总产值。通过查阅虎林市 2016 年国民经济和社会发展统计公报，可以得到虎林市 2016 年第二产业产值为 17.1 亿元。同时，根据世界银行和一些国际贷款机构的经验，工业水费支出占工业产值比重为 3％ 是现实可行的。但是考虑到虎林市工业企业的实际情况以及企业对用水费用的承受能力，我们认为对一般工业水费支出占产值比重为 3％ 的标准偏高，控制在 2.5％左右比较合适。通过计算 $M_{工业}=1.71\times10^{9}$ 元 $\times0.65\times2.5％=27.8\times10^{6}$ 元 $=2780$ 万元，2016 年虎林市工业用水消费预算支出为 2780 万元。这样计算出来的工业用水消费预算支出相较于国际标准明显偏低。虎林市主要以种植业为主，工业发展相对落后，工业对用水消费的支付能力也就较弱，考虑到鼓励各个行业均衡发展，共同促进社会经济发展的目标，认为虎林市工业用水消费支出可以适当偏低，但是应当随着经济发展逐步提高。同时，由于近年来，全国范围内经济发展追求的目标是平稳、健康发展，所以虎林市关于工业用水的消费预算支出近几年也不会发生太大波动。

3）农业用水的消费预算（$M_{农业}$）。农业用水消费预算支出是指人们对农业用水的需求量得到满足时的水资源消费支出。可以根据阶段发展系数与水资源消费占农业总产值的比例求得。由于农业总产值无法获得，这里以第一产业产值代表农业总产值。根据虎林市 2016 年国民经济和社会发展统计公报可知，虎林市 2016 年第一产业产值是 79 亿元。同时，国内的一些研究成果表明，农业水费占亩产值的比例为 5%～15% 较合理。考虑到虎林市的经济发展情况，认为控制在 2.5% 左右比较合适。通过计算 $M_{农业} = 7.9 \times 10^9$ 元 $\times 0.65 \times 2.5\% = 128.4 \times 10^6$ 元，2016 年虎林市农业用水消费预算支出为 129.7×10^6 元。虎林市是一个主要以种植业为主的城市，农业用水基数较大，而且节水技术相对落后，所以这里计算得出的农业用水消费预算支出相较于国际水平偏低，但是比较符合虎林市现状。同时，由于近年来，全国范围内经济发展追求的目标是平稳、健康发展，所以虎林市关于农业用水的消费预算支出近几年也不会发生太大波动。

（2）各用水行业基本用水总量（$Q_{i0}^{需}$）。基本用水量，顾名思义就是维持该行业基本发展或生存的用水量。农业基本用水量就是保证粮食安全产量的应用水量；工业不是维持人类日常生活所必需的（饮水和食品），所以不存在基本用水量问题；生活基本用水量就是维持人类日常生活所必需的用水量；生态环境基本用水量是就生态环境而言的，没有客观的评价依据，不在本书的讨论范围之内。

就农业基本用水量 $Q_{农业0}^{需}$ 而言，为了保持粮食生产安全，可以根据耕地灌溉亩均用水量与虎林市农田总面积大约地推算出虎林市农业的基本用水量。查阅 2016 年全国水资源公报可知，2016 年全国耕地实际灌溉亩均用水量 380m^3；查阅虎林市土地利用总体规划（2006－2020 年）可知，虎林市总的农田面积为 116 万亩，那么可以推算虎林市农业基本用水量大约是 4.4 亿 m^3。

生活基本用水 $Q_{生活0}^{需}$ 可以通过查阅相关文献获得。根据近来的研究成果，人类"基本需水量"每人每天为 50L，这个标准能够满足饮用、卫生、洗浴和烹饪四种家庭基本需要，与气候、技术及文化没有关系。以此折算，人均月基本生活用水量为 1.5m^3，人均年生活用水量为 18m^3，那么可以推算虎林市每年的生活基本用水量为 18m^3/人 $\times 28$ 万人 $= 504$ 万 m^3。

就工业基本用水量 $Q_{工业0}^{需}$ 而言，由于不存在工业基本用水量问题，所以在本节中虎林市工业用水总量计为 0；至于生态环境基本用水量 $Q_{生态0}^{需}$，由于不存在客观评价依据，在本节中不作讨论。

（3）各用水行业用水效用偏好系数（a_i）。各用水行业用水效用偏好系数可以通过查阅相关资料获得。各行业用水效用偏好系数即人们对各行业水资源消费的偏好系数。消费偏好能够反映消费者对某种商品的喜爱程度，消费偏好越高表明消费者对这种商品的消费支出意愿越强烈。本节通过分析黑龙江省近几年的各行业的水资源的消费情况，来确定各行业用水效用偏好系数。参照黑龙江省 2016—2018 年对各个用水行业的水资源分配情况（表 5.2），并结合虎林市当地经济发展特色，确定各用水行业的用水效用偏好系数。

表 5.2   黑龙江省各行业水资源分配情况

年份	总量/m³	生活/m³	工业/m³	农业/m³	生态/m³
2016	35.3×10^9	1.6×10^9	2.1×10^9	31.4×10^9	0.2×10^9
2017	35.3×10^9	1.5×10^9	2×10^9	31.6×10^9	0.2×10^9
2018	34.4×10^9	1.6×10^9	2×10^9	30.5×10^9	0.3×10^9

通过计算发现，黑龙江省 2016—2018 年生活用水的分配量占总供水量的比例分别为 4.4%、4.4%、4.6%，工业用水的分配量占总供水量的比例分别为 5.8%、5.6%、5.8%，农业用水的分配量占总供水量的比例分别为 89%、89.6%、88.6%，生态环境用水的分配量占总供水量的比例分别为 0.7%、0.4%、1%。同时，结合虎林市当时经济现状，可以将生活用水效用的偏好系数（$a_{生活}$）确定为 0.08，工业用水效用的偏好系数（$a_{工业}$）确定为 0.02，农业用水效用的偏好系数（$a_{农业}$）确定为 0.89，生态环境用水效用的偏好系数（$a_{生态}$）确定为 0.01。

（4）用水效用最大化水资源需求函数模型。将上面求得的各用水行业对水资源消费的预算成本（$M_{生活}$、$M_{农业}$、$M_{工业}$）、各用水行业用水效用偏好系数（$a_{生活}$、$a_{生态}$、$a_{工业}$、$a_{农业}$）和各用水行业基本用水总量（$Q_{生活0}^{需}$、$Q_{工业0}^{需}$、$Q_{农业0}^{需}$）代入用水效用最大化水资源需求函数模型式（5.1），得到公式（5.33）～式（5.39）：

$$\max U = 0.89\ln(Q_{农业}^{需} - 440.8 \times 10^6) + 0.02\ln Q_{工业}^{需}$$
$$+ 0.08\ln(Q_{生活}^{需} - 5.04 \times 10^6) + 0.01\ln Q_{生态}^{需} \tag{5.33}$$

约束条件：

$$P_{农业} \times Q_{农业}^{需} \leqslant 129.7 \times 10^6 \tag{5.34}$$

$$P_{工业} \times Q_{工业}^{需} \leqslant 27.8 \times 10^6 \tag{5.35}$$

$$P_{工业} \times Q_{生活}^{需} \leqslant 84.5 \times 10^6 \tag{5.36}$$

$$Q_{生活}^{需} \geqslant 5.04 \times 10^6 \tag{5.37}$$

$$Q_{农业}^{需} \geqslant 440.8 \times 10^6 \tag{5.38}$$

$$Q_{工业}^{需} \geqslant 0 \tag{5.39}$$

5.3.2.2 目标利润最大化的水资源供给函数模型

根据目标利润最大化的水资源供给函数模型式（5.9）可知，在目标利润最大化的水资源供给函数模型中，供水利润主要受水资源供给总量、水资源价格与供给总成本的限制。其中，供水总成本 $C_总$ 可以根据供水公司公开发布的供水成本的相关数据计算得来，然后将求得的 $C_总$ 代入函数模型式（5.9），以期求得 $Q_i^供$，以便最终求得各用水行业用水价格（P_i）。

（1）供水总成本。《城市供水定价成本监审办法试行》（发改价格〔2010〕2613号），第六条明确："城市供水定价成本包括制水成本、输配成本和期间费用。"其中，制水成本是指城市供水经营者将地表水、地下水进行必要的汲取、净化、消毒、加压等处理后，使水质符合国家标准净水的过程中所发生的费用；制水成本是指城市供水经营者将地表水、地下水进行必要的汲取、净化、消毒、加压等处理后，使水质符合国家标准净水的过程中所发生的费用；期间费用是指城市供水经营者为组织和管理供水生产经营所发生的管理费用、销售费用和财务费用。同时，第二十九条指出："供水定价单位成本根据城市供水经营者在一定生产经营时期内所发生的合理费用与核定供水量计算，即：供水定价单位成本＝供水定价总成本/核定供水量，供水定价总成本＝制水成本＋输配成本＋期间费用，核定供水量＝供水总量×（1－核定管网漏损率）。"

根据虎林市供水定价的单位成本与虎林市总的供水量计算出虎林市总的供水成本。根据《中华人民共和国价格法》和《政府制定价格成本监审办法》等有关规定，哈尔滨市发展改革委于 2018 年 3 月，对哈尔滨城市供水相关成本费用情况实施了定价成本监审。依据成本监审结论，哈尔滨市单位供水成本为 4.39 元/m^3。鉴于难以获得虎林市的单位供水成本，可以参照哈尔滨市单位供水成本大致来计算虎林市供水总成本。查阅 2016 年虎林市国民经济与社会发展统计公报可知，虎林市 2016 全年总供水量为 $700.49 \times 10^6 m^3$。其中生活用水总量为 $4.19 \times 10^6 m^3$，工业用水总量为 $1.51 \times 10^6 m^3$，农业用水总量为 $694.21 \times 10^6 m^3$，生态环境用水总量为 $0.59 \times 10^6 m^3$。由于供水公司的供水主要是生活、工业用水，故供水总成本也仅与工业、生活供水量相关。经过计算，$C_总 = 4.39$ 元/$m^3 \times 5.59 \times 10^6 m^3 = 24.98 \times 10^6$ 元。由于近年来，全国范围内经济发展追求的目标是平稳、健康发展，所以虎林市供水总成本近几年不会发生太大波动。

（2）目标利润最大化的水资源供给函数模型应用。将上文求得的 $C_总$ 代入目标利润最大化的水资源供给函数模型式（5.9），得到以下方程：

$$\max\pi = P_农业 Q_农业^供 + P_工业 Q_工业^供 + P_生活 Q_生活^供 - 24.98 \times 10^6 \tag{5.40}$$

$$P_农业 > 0, P_工业 > 0, P_生活 > 0 \tag{5.41}$$

$$P_{农业}Q_{农业}^{供}+P_{工业}Q_{工业}^{供}+P_{生活}Q_{生活}^{供}\geqslant24.98\times10^6 \tag{5.42}$$

5.3.2.3 基于供求平衡关系的求解结果

联立水资源利用效用最大化的需求方程（5.33）与水资源目标利润最大化的需求方程（5.40），得到以下方程：

$$\max U=0.89\ln(Q_{农业}^{需}-442.7\times10^6)+0.02\ln Q_{工业}^{需}$$
$$+0.08\ln(Q_{生活}^{需}-5.04\times10^6)+0.01\ln Q_{生态}^{需}$$
$$+P_{农业}Q_{农业}^{供}+P_{工业}Q_{工业}^{供}+P_{生活}Q_{生活}^{供}-24.98\times10^6 \tag{5.43}$$

约束条件：

$$Q_{农业}^{供}=Q_{农业}^{需} \tag{5.44}$$

$$Q_{生活}^{供}=Q_{生活}^{需} \tag{5.45}$$

$$Q_{工业}^{供}=Q_{工业}^{需} \tag{5.46}$$

$$P_{农业}\times Q_{农业}^{需}\leqslant129.7\times10^6 \tag{5.47}$$

$$P_{工业}\times Q_{工业}^{需}\leqslant27.8\times10^6 \tag{5.48}$$

$$P_{工业}\times Q_{生活}^{需}\leqslant84.5\times10^6 \tag{5.49}$$

$$P_{农业}Q_{农业}^{供}+P_{工业}Q_{工业}^{供}+P_{生活}Q_{生活}^{供}\geqslant24.98\times10^6 \tag{5.50}$$

设水资源供给总量等于需求总量，当式（5.43）达到最大时，即水资源用水效用与目标利润同时达到最大时，可以求得水资源的最优分配情形，即：$Q_{生活}^{需}=Q_{生活}^{供}=25.22\times10^6\,m^3$，$Q_{农业}^{需}=Q_{农业}^{供}=667.17\times10^6\,m^3$，$Q_{工业}^{需}=Q_{工业}^{供}=5.04\times10^6\,m^3$，$Q_{生态}^{需}=2.52\times10^6\,m^3$。然后将求得的水资源对各个行业的最优分配水量，重新代入式（5.43），在保证生活、农业、工业等领域基本用水需求的前提下，水资源最优配置的水价、生活、工业、农业水价分别为 3.35 元/m^3、5.51 元/m^3、0.19 元/m^3

5.3.3 第三方影响加权计入水价调整

水权交易的第三方影响属于外部性问题，外部成本内部化是消除水权交易过程中第三方影响的必要手段。水权交易过程的第三方影响主要体现在经济发展、社会生活和生态环境这三个方面。为了实现水权交易过程中的外部性成本（即第三方影响）内部化，应当将水权交易过程中对经济发展、社会生活、生态环境这三方面的影响加权计入水资源价格，从而对基于供求平衡模型得到的水资源价格 F_1 进行合理调整，调整系数标准见表 5.3。

根据模型构建，可以从经济、社会和环境三个方面对供求平衡资源价格进行调整。其中，F_1 是根据上述的供求平衡模型得出的供求平衡条件的水资源价格，b 表示水权交易过程中对经济发展产生的影响的指标，主要考察因素为地区万元 GDP 耗水量；c 表示水权交易过程中对社会生活产生的影响的评价指标，主要考察因素为区域收入水平；d 表示水权交易过程中对生态环境产生的影响的评价指标，主要考察因素为污染排放率、污水处理率。

　　首先，b 赋值 0.9、0.95、1.0、1.05、1.1 分别代表万元 GDP 耗水系数很高、较高、普通、较低和很低的地区。其中，"1.0"表示水权交易中的第三方效应对经济发展几乎不存在外部性影响，"0.9、0.95"表示水权交易中第三方效应对经济发展的影响表现为负外部性，"1.05、1.1"表示水权交易中第三方效应对经济发展的影响表现为正外部性。其次，c 赋值 1.2、1.1、1.0、0.9、0.8 分别代表区域收入水平很高、较高、普通、较低和很低的地区。其中，"1.0"表示水权交易中的第三方效应对社会进步与发展几乎不存在外部性影响，"0.9，0.8"表示水权交易中第三方效应对社会发展的影响表现为负外部性，"1.2，1.1"表示水权交易中第三方效应对社会发展的影响表现为正外部性。最后，d 赋值 0.9、0.95、1.0、1.05、1.1 分别代表区域污染排放率很高、较高、普通、较低和很低的地区。其中，"1.0"表示水权交易中的第三方效应对生态环境几乎不存在外部性影响，"0.9、0.95"表示水权交易中第三方效应对生态环境的影响表现为负外部性，"1.05、1.1"表示水权交易中第三方效应对生态环境的影响表现为正外部性。

表 5.3　　　　　　　　　　　虎林市社会、经济、环境调整系数标准表

调整指标	所占权重	赋　　值				
经济调整 指标 b	33.3%	0.9	0.95	1	1.05	1.1
万元 GDP 耗水 （吨/万元）	100%	[435，$+\infty$)	[390，435)	[350，390)	[300，350)	[0，300)
社会调整 指标 c	33.3%	1.2	1.1	1	0.9	0.8
收入水平 （元）	100%	[30000，$+\infty$)	[15000，30000)	[8000，15000)	[4000，8000)	[0，4000)
环境调整 指标 d	33.3%	0.9	0.95	1	1.05	1.1
总氮流失 系数	50%	[0.001，0.003]	(0.003，0.005]	(0.005，0.006]	(0.006，0.007]	(0.007，0.009]
总磷流失 系数	50%	[0.001，0.002]	(0.002，0.003]	(0.003，0.004]	(0.004，0.005]	(0.005，0.006]

　　经查阅相关资料，虎林市 2016 年全年生产总值实现 130 亿元，用水总量 71 亿 m³，故虎林市 2016 年万元 GDP 耗水 538.42m³，所以根据表 5.3 可知，经济调整的系数取值为 $b=0.9$；虎林市 2016 年居民平均收入水平 18500 元，根

据表 5.3 可知，社会调整指标系数取值为 $c=1.1$；东北半湿润平原区总氮流失系数、总磷流失系数分别为 0.00397、0.001，所以根据表 5.3 可知，环境影响因素 $d=0.95\times50\%+0.9\times50\%=0.925$。

该地区的经济、社会和环境调整总系数为：$b\times c\times d=0.9\times1.1\times0.925=0.916$。所以，虎林地区基于第三方影响的调整水资源的价格如下：

农业水价：$0.19\times0.916=0.17$ 元/m^3；工业水价：$5.51\times0.916=5.05$ 元/m^3；生活水价：$3.35\times0.92=3.07$ 元/m^3。

5.3.4　政策情景分析

5.3.4.1　情景设置

黑龙江省下达的虎林市水资源开发利用总量控制目标为：2015 年 76.3 亿 m^3、2020 年 77.7 亿 m^3、2030 年 76.7 亿 m^3。虎林市应当在保持生态环境与经济发展相协调的条件下，每年都要对全市水资源开发利用总量进行合理调减，方能实现水资源开发利用总量控制目标。

根据黑龙江省通报的 2016 年度实行最严格水资源管理制度考核结果分析，黑龙江省自实施最严格的水资源管理制度以来，2013—2016 年，在生产总值保持年平均增长 6.35% 的同时，用水总量从 3623 亿 m^3 减少到 3526.4 亿 m^3，减少了 2.7%，基本实现水资源开发利用总量控制的年度目标——每年用水总量比上一年度调减 1%。虎林市为了达到 2020 年、2030 年关于水资源开发利用总量的控制目标，将以每年 1% 的速度对水资源开发利用总量的调减作为基本依据。水资源开发利用总量的控制年份与控制目标的关系如图 5.3 所示。

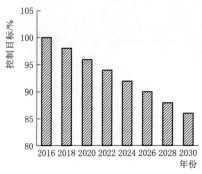

图 5.3　水资源开发利用总量的控制年份与控制目标

为实现 2030 年虎林市水资源开发利用总量的控制目标（为当前水资源开发利用总量的 86%），需要对水资源开发利用总量逐年进行合理调减。如图 5.4 所示，共设置了 8 种政策情景，依次为当前可用总水量的 100%、98%、96%、94%、92%、90%、88%、86%，分别代表其在 2016 年、2018 年、2020 年、2022 年、2024 年、2026 年、2028 年、2030 年应当达到的关于水资源开发利用总量的控制目标。同时，需要保障生态环境用水以及生活、农业基本用水。因此，在不同政策情景下生态水量的考核指标不变，工业、农业、生活用水量随全年可用水总量的调减而调减。8 种政策情景的设置调减水量依次递增，符合水资源管理总量控制的要求，随着时间的推移，严控用水总量，调减水量增多，用水总量减少，生活、工业、农业的可用水量随之变动。不同政策情景下水资源可开发利用总量与各行业可利用水资源量如图 5.4 所示。

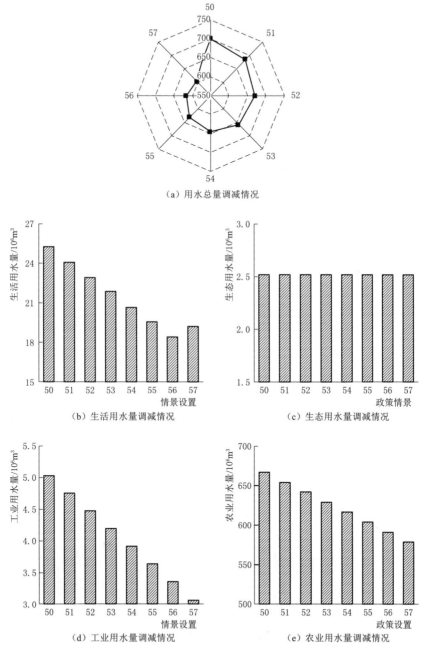

（a）用水总量调减情况

（b）生活用水量调减情况

（c）生态用水量调减情况

（d）工业用水量调减情况

（e）农业用水量调减情况

图 5.4　不同政策情景下水资源可开发利用总量与各行业可利用水资源量

5.3.4.2　结果与政策情景分析

（1）基础情景（S0）。根据虎林市 2016 年度国民经济和社会发展统计公报可知，虎林市 2016 年全年对于农业、工业、生活、生态环境总的供水量为 $700 \times 10^6 \, \text{m}^3$。其中，生活用水量为 $4.19 \times 10^6 \, \text{m}^3$，农业用水量为 $694 \times 10^6 \, \text{m}^3$，工业用水量为 $1.5 \times 10^6 \, \text{m}^3$，生态用水量为 $43 \times 10^3 \, \text{m}^3$。农业基本用水量参考 2016 年水资源公报，经过换算可知虎林市 2016 年农业基本用水量为 $442.7 \times 10^6 \, \text{m}^3$；生活基本用水量为联合国"国际饮水供应和环境卫生十年"计划及地球首脑会议 21 世纪议程所建议的人类"基本需水量（BRW）每人每天为 50L"，并经过换算可知虎林市 2016 年生活基本用水量应为 $5.04 \times 10^6 \, \text{m}^3$；由于不存在工业基本用水量问题，所以在本章虎林市工业用水总量为 0；生态环境基本用水量，由于不存在客观评价依据，在本章中也不作讨论。同时，根据上述供求平衡模型求得在用水效用最优、目标利润最大的条件下最优化的用水分配情况：生活用水量为 $25.22 \times 10^6 \, \text{m}^3$，农业用水量为 $667.17 \times 10^6 \, \text{m}^3$，工业用水量为 $5.04 \times 10^6 \, \text{m}^3$，生态用水量为 $2.52 \times 10^6 \, \text{m}^3$。

（2）模拟情景（S1～S7）。在控制用水总量、保障生态环境水量以及生活、工业、农业基本用水量的情况下，通过上述供求平衡模型确定生活、工业、农业应承担的调减水量。然后将不同政策情景下，总用水量调减导致的生活、农业、工业可总用水量变化后的结果重新代入上述供求平衡模型，迭代运算得到不同政策情景下基于水资源供求平衡的生活、农业、工业水资源价格以及增长速率。具体结果如图 5.5 和图 5.6 所示。

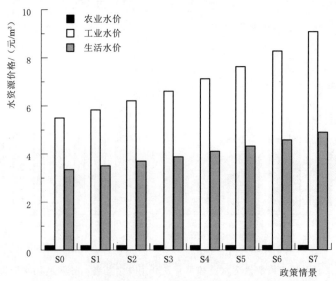

图 5.5　不同政策情景下生活、农业、工业用水价格

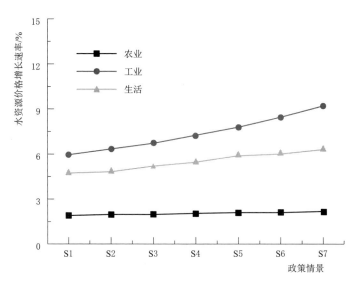

图 5.6　不同政策情景下生活、农业、工业水资源用水价格增长速率

　　如图 5.5 所示，在不同政策情境下，生活水价随着虎林市可开发利用水资源总量调减而提高，从 3.35 元/m³ 逐渐提高至 4.88 元/m³。在不同政策情境下，工业水价随着虎林市可开发利用水资源总量调减而逐渐提高，从 5.51 元/m³ 逐渐增加到 9.07 元/m³。在不同政策情景下，农业水价也随着虎林市可开发利用水资源总量调减而逐渐提高，从 0.19 元/m³ 逐渐增加到 0.22 元/m³。总体来说，随着虎林市可开发利用水资源总量的调减，虎林市生活水价、工业水价、农业水价增长都呈现一种增长的态势。

　　如图 5.6 所示，随着虎林市水资源可开发利用总量的调减，农业、生活、工业水资源价格的增长速率依次增大。农业水价的增长速率随着虎林市水资源可开发利用总量的调减基本趋于平缓，保持在 2% 左右；生活水价的增长速率随着虎林市水资源可开发利用总量的调减逐渐增加，从 4.6% 逐渐增加到 6% 左右；工业水价的增长速率也随着虎林市水资源可开发利用总量的调减逐渐增加，从 6% 逐渐增加到 9% 左右。

　　随着虎林市可开发利用水资源总量的调减，农业、生活、工业水资源价格都会增长，但增长速率明显不同，工业水价增长速率最大、生活水价增长速率次之、农业水价增长速率最小。

　　合理的水权交易可以很好地缓解虎林市水资源面临的压力，提高水资源的利用效率，减少水资源浪费与污染，实现水资源的优化配置，从而节约用水，完成水资源"三条红线"控制目标。合理的水资源交易价格可以更好地帮助水权交易的建设与完善。本书设置的政策情景模拟符合水资源"三条红线"中关于水资源可开发利用总量逐年递减的控制目标。在保障生态环境用水的条件下，通过模拟水资源可开发利用总量的调减，考核生活、农业、工业用水价格的变化。本章通过政策情景模拟得到的水资源价格变化是比较符合虎林市实际情况的。首先，虎林市居民可支配收入相较于全国平均水平偏低，即居民对于生活用水消费的承受能力偏低，所以虎林市生活用水价格随着用水总量的调减而上涨，但是涨幅不大。其次，虎林市工业发展缓慢，技术落后，节水设施不配套，故可用水量的变化对水价的影响较大，所以，工业用水价格随着用水总量的调减而增长且增速较大。最后，虎林市是一个以种植业为主的城市，主要以种植水稻为主，所以每年农业用水量巨大，占全年总供水量的 95％以上。由于农业用水基数大且社会经济发展相对落后，所以农业用水的价格随着用水总量的调减而提高但增速小。

5.3.4.3　水资源价格调整分析

（1）根据水资源供求平衡模型，求得基于供求平衡关系的水资源价格：生活水价应为 3.35 元/m³、工业水价应为 5.51 元/m³、农业水价为 0.19 元/m³。

（2）在考虑第三方影响后，将对经济、社会、生态环境的影响加权计入水资源价格调整得到的水资源价格为：生活水价应为 3.07 元/m³，工业水价应为 5.05 元/m³，农业水价为 0.17 元/m³。

（3）以"三条红线"和最严格水资源管理制度为依据，模拟总供水量调减情形。取政策情景为 S2（2020 年）时总供水量调减后的水资源价格：生活水价应为 3.68 元/m³，工业水价应为 6.21 元/m³，农业水价为 0.2 元/m³。

综合考虑上述三个因素，求得虎林市生活水价应为 3.4 元/m³，工业水价应为 5.6 元/m³，农业水价为 0.18 元/m³。

虎林市现行水价为：生活水价 2.6 元/m³，工业水价 4.8 元/m³，农业水价 0.062 元/m³。参考现行水价可得到以下结论：虎林市水价整体偏低，水价提升存在一定空间，应当提高。提高水资源价格，可以增强各用水户的节约用水的意识，从而提高用水效率，达到节约用水的目的。

调整后的水价，在当地经济发展承受范围内，可以提高。通过计算发现，调整后的水价仍在虎林市经济发展可以承受的范围内：

$$农业用水消费支出实际占比 = \frac{0.18 \ 元/m^3 \times 694 \times 10^6 m^3}{7.99 \times 10^9 \ 元} \times 100\% = 1.5\%$$

$$工业用水消费支出实际占比 = \frac{5.6 \ 元/m^3 \times 1.5 \times 10^6 m^3}{1.71 \times 10^9 \ 元} \times 100\% = 0.5\%$$

$$生活用水消费支出实际占比 = \frac{3.4 \ 元/m^3 \times 4.19 \times 10^6 m^3}{5.2 \times 10^9 \ 元} \times 100\% = 1.5\%$$

这些占比都还远远低于国际标准，如图 5.7 所示。虎林市水资源价格应当逐步上调。适当地提高水价，既可以增强各用水户节约用水的意识，还可以为水利工程建设提供资金，提高供水质量和供水能力，最终促进水资源与经济的可持续发展。

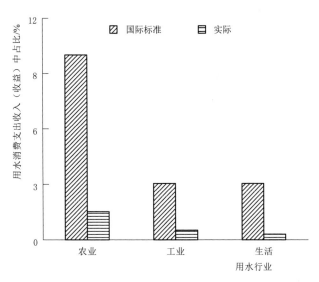

图 5.7　虎林市各行业用水消费实际支出占比与国际标准的关系

5.4　同行业不同用水户水权交易技术应用模式研究（以庆安县为例）

5.4.1　研究区基本情况

选取庆安建业灌区和柳河灌区为研究区。建业灌区位于庆安县东南部，是一处以拉林清河为主要灌溉水源的自流灌区。灌区管理范围面积 5.32 万亩，受益范围为庆安县丰收、平安两个乡镇的 7 个村 30 个自然屯，人口约 11500 人。灌区设计水田灌溉面积 2.1 万亩，实灌面积 2.9 万亩，有控制性渠首 2 处（建业渠首和丰收渠首），干渠 4 条、长度 44.5km、构造物 33 座，支渠 51 条、长度 39.2km。柳河灌区位于庆安县南部，是一处以柳河水库和拉林清河为主要灌溉水源的自流灌区。灌区管理范围面积 3.28 万亩，受益范围为庆安县柳河农场和新胜乡新柳村、新泉村、新胜村、新明村，人口约 6000 人。灌区设计水田灌溉面积 2 万亩，实灌面积 3.09 万亩，有控制性渠首 1 处，为柳河渠首。干渠 1 条、长度 9.5km、构造物 23 座，支渠 17 条、长度 47.6km。

建业灌区由于缺乏灌溉工程和排水工程，枯水期水量缺口较大，而柳河灌区灌溉工程和排水工程已完备，具有较强的输水和排水能力。因此，在枯水期，考虑两地间的水权交易，并根据两地实际情况，制定合理的农业水权扭转价格。首先，确保用水总量控制指标已分解到县，根据《水利工程供水价格管理办法》《水利工程供水价格核算规范》等有关规定，测算项目区供水成本，并报请价格主管部门进行成本监审。其次，按照水价终端水价核算方法对水价测算体系进行测算。再次，进行当地社会、经济、环境实际情况调查。其中，农民水费承受能力调查为重点。区分不同作物类型（粮食和经济作物）以水费占亩均产值的比例或占亩均纯收益的比例为依据，测算农民水费承受能力。测算时要列出作物投入、产出、水费支出等调查数据。接下来，确定供水价格。各试点县按照出台的《黑龙江省推进农业水价综合改革的实施方案》要求，合理确定目标水价。最后，根据政府定价和农民对水资源的接受程度，采用调整系数法，对原有水价进行调整，最终获得农业水权转换价。

5.4.2　农业水权交易标准指标设计

（1）水权交易年限：10 年。庆安县水权确权工作按照政府下达县级行政区 2015 年、2020 年、2030 年水资源管理控制指标确定的可分配水量（即"三条红线"水量）开展。同时，根据国务院《关于印发实行最严格水资源管理制度考核办法的通知》（国办发〔2013〕2 号），结合庆安基本情况，分解并下达了庆安县 2015 年、2020 年、2030 年农业水权。考虑到未来发展的不确定性与水资源的稀缺性，建议此次庆安市农业水权交易的有效年限设定为 10 年，即 2020—2030 年为庆安县水权交易期。

（2）水权交易单位：标准水权。水量指标是水权交易标准水权的数量特征，单位为元/m³。

5.4.3　农业水权确权方案

5.4.3.1　农业可分配水量

影响农业用水确权的因素众多，根据以上分析的农业用水确权总体思路和基础条件，明确农业可分配水量和灌溉面积是两个关键因素。农业可分配水量直接决定了县域内各用水户的确权水量，灌溉面积决定了各用水户的水量分配比例。以"三条红线"用水总量控制目标作为农业水权确权方案（以下简称"本方案"）的可确权水量限制条件，按照水法规定的水资源优化配置原则，在扣除生活用水、生态用水、工业用水和预留水量后，将剩余的水量作为庆安县农业可分配水量。计算公式如下：

$$W_{农业} = W_{红线} - W_{生活} - W_{生态} - W_{工业} - W_{预留} \tag{5.51}$$

式中　$W_{红线}$——2016 年度"三条红线"用水总量控制目标；

　　　$W_{生活}$——生活用水分配水量；

　　　$W_{生态}$——生态用水分配水量；

　　　$W_{工业}$——工业用水分配水量；

　　　$W_{预留}$——预留水量。

通过走访调研和资料收集，选择目前统计数据较为详细且认可度较高的耕地面积统计数据作为确权面积的基础条件。根据农业用水分配情况，按照县域内农业可分配水量核定情况，建业灌区农业初始水权分配水量为 2294.13 万 m^3，柳河灌区初始水权分配水量为 2187.92 万 m^3。本方案水权确权以庆安县"三条红线"用水总量控制目标为限定条件，由于县用水总量目前无法满足县域内工业和农业生产共同发展，按照庆安县重点开展工业水权确权登记工作的试点任务，本方案在初始水权分配上优先满足县域工业企业用水需求，将剩余水量分配给农业生产用水。目前农业确权水量可以充分满足丰水年灌溉用水需求。

5.4.3.2　方案预期效果分析

本方案以用水总量控制目标作为可确权总水量，在扣除生活、生态、工业用水和预留水量后，剩余水量作为农业灌溉用水可确权总水量，既未超过国家确定的用水总量，又遵守了水法关于水资源优先配置的规定。农业水权确权的耕地面积采用合法承包耕地面积，不包括未被法律承认的计划外开垦荒地，既最大限度地囊括了各类有国家政策依据支持的耕地，并与国家的土地利用政策也是一致的。

（1）用水保证程度分析。本方案充分考虑了现状及未来县域内城镇及农村生活需水量和生态环境需水量，政府预留水量主要用于水资源应急调度。考虑工业用水保证率较高，在水权确权过程中，按照工业现状用水量对其水权进行确认。农业水权在确权中考虑了来水条件、可用水总量等因素，确定的是亩均耕地可用水量，根据灌溉经验基本能够保证农作物用水需求。对生态用水中的公益用水，给予优先考虑。

（2）预期管理效益分析。对农业用水进行水权确权有效遏制了农业用水无序增长的趋势。本方案对法定灌溉面积进行水权配置，计划外发展的灌溉面积不配置水权，明确了政府在水资源配置中的导向，依法保障合法耕地用水权益，坚决杜绝开荒土地的不合理用水需求，如此可有效避免农业用水无序增长导致存量指标互相挤压以至区域水资源用水结构严重不协调。明晰水权在行业间的初始权属，为水资源的市场调节提供了最基本条件，通过水资源确权和流转，盘活用水指标存量，为新上用水项目开辟新的指标通道。

（3）预期社会效益分析。水权制度的改变意味着利益相关者在水资源使用中相关利益的变化，相关利益者在水资源管理中的参与程度也会随之变化。民主参与农业用水，充分发挥了利益相关者管理的积极性，增强了利益相关者的主动参与性。创新后的水权制度使得用水者的用水收益和水资源利用率密切相关，节约的水资源可以为用水者带来显著的收益，那么用水者就会有很强的节水意识，想办法提高水资源的利用效率，提高了水资源管理收益。

（4）预期环境效益分析。本方案对农业水权确权，充分考虑了区域生态环境用水需求，同时对地下水开发利用也有限制。在新的水权制度下，提高水资源的利用效率会提高用水者的收益，那么用水者就会尽可能地提高水资源的重复利用率，从而也会减少废水的排放。在新的水权制度下，用水户有了十分明确的水权，如果上游用水者在用水中产生的污染对下游的用水者产生了负面影响，下游用水者为了保护自己的水权免受影响，就会采用相关的政策手段取得补偿，提高水资源承载能力，从而改善水环境。

5.4.4　农业水权扭转价格测算

根据农业水权扭转价格形成机制，对其价格进行以下测算。

5.4.4.1　现行农业水价（F_1）

建业灌区现已完成农业水价测算，其骨干工程全成本水价为 8 分/m^3，每亩水价为 57.6 元；末级渠系全成本水价为 2 分/m^3，每亩水价为 14.4 元，骨干工程运行成本水价为 8 分/m^3，每亩 57.6 元。改革拟实施计量供水，按方收费，充分发挥价格杠杆作用，达到节水目的。水价改革计划上报全成本水价。单一作物水稻不实行分类水价。

实行分档水价，即超定额用水累进加价。净用水量在 436m^3/亩以下的，按第一量级计收；净用水量在 436～480m^3/亩的，按第二量级计收；净用水量在 480m^3/亩以上的，按第三量级计收。一、二、三级用水量水价比例按 1∶1.5∶2 计收。

柳河灌区供水成本测算包括供水全成本和供水运行成本两部分，分骨干工程和末级渠系工程分别进行测算。测算结果如下：全成本水价为骨干工程供水全成本、末级渠系工程供水全成本之和，即 86.24 元/亩；单方水价为 0.138 元/m^3；运行成本水价为骨干工程运行成本、末级渠系工程运行成本之和，即 64.09 元/亩；单方水价为 0.147 元/m^3。

5.4.4.2　考虑水资源稀缺性及节水措施的农业水权初始价格（F_2）

同时考虑农业节水措施及其相关效率，并考虑节水成本 SC_{it}，则可推导节水措施的初始水权价格。

初始水权价格建立在现有农业水价测算的基础上，考虑水资源的稀缺性，在此引入水资源稀缺因子 α，其赋值 0.8、0.9、1.0、1.1、1.2 分别代表水资源极其丰富区、丰富区、普通区、半匮乏区、匮乏区。同时，考虑农业节水措施及其相关效率，考虑节水成本 SC_{it}，因此，若按该测算体系测算，则其初始水权价格 F_2 为

$$F_2 = \alpha(F_1 + F_{\text{save}}) = \alpha\left(F_1 + \sum_{j=1}^{J} K_{ijt}/W_{it}\right) \tag{5.52}$$

建业灌区节水设施缺乏，发展空间较大，由于缺乏水利灌溉工程，在枯水期时水量缺口较大，须通过有效途径来进行补给。该区可定为半匮乏区，其水资源稀缺因子 α 取值为 1.1，因此，可以获得农业初始水权价格如下：

农业初始水权价格 $= 1.1 \times [(57.6+0)+(14.4+0)+(57.6+0)] = 129.6$（元/亩）

农业初始水权价格 $= 1.1 \times [(0.08+0)+(0.02+0)+(0.08+0)] = 0.20$（元/m³）

依然实行分档水价，即超定额用水累进加价。净用水量在 436m³/亩以下的，按第一量级计收；净用水量为 436～480m³/亩的，按第二量级计收；净用水量在 480m³/亩以上的，按第三量级计收。一、二、三级用水量水价比例按 1∶1.5∶2 计收。

而柳河灌区工程设施配套较完善，灌溉工程和排水工程已基本形成，具有较强的输水和排水能力，因此，水资源稀缺因子 α 取值为 0.9，其农业初始水价如下：

农业初始水权价格 $= 0.9 \times (86.24+64.09) = 135.29$（元/亩）

农业初始水权价格 $= 0.9 \times 0.28 = 0.25$（元/m³）

5.4.4.3　第三方指导的调整水权价格（F_3）

基于地租理论，根据水资源的各影响因素带来的权益不同，得出基本的水价测算方法。在水价的测算过程中，由于影响水价定价的因素包括自然差异、时空差异、用途差异、用量差异等，因此得出的是差别化的水价定价公式：F 为调整之前的水价，等于工程水价、级差水租（反映水资源由于自然条件差异造成的水资源利用的权益收入差异）、水资源的稀缺价值（反映的是由于时空差异带来的水资源的稀缺价值的差异）、水资源选择性价值（由于不同水资源用途选择而产生的收益差别）与水资源超定额价值（反映的是水资源超过定额用水后实行的高价格）之和。根据加性加权法，从社会、经济、环境三个层面对差别化水价进行调整，使之更符合当地的实际情况。

由于 F_2 测算过程中只考虑水管单位自身资金满足度，并未能顾及农民的可

承受能力，导致水价的合理性及农户可接受度都比较低。因此，从社会、经济和环境三个方面对初始水价（F_2）进行调整，则可以得到调整后的水权价格$F_3 = F_2 \cdot b \cdot c \cdot d$。具体如下：

$$F_3 = F_2bcd = \left[\alpha F_1 + \sum_{j=1}^{J} K_{ijt})/W_{it} \right]bcd \qquad (5.53)$$

表 5.4　　　　　庆安县社会、经济、环境调整系数标准表

调整指标	所占权重	赋　值				
经济调整 指标 b	30%	0.9	0.95	1	1.05	1.1
万元 GDP 耗水量 /(t/万元)	50%	[435, +∞)	[390, 435)	[350, 390)	[300, 350)	[0, 300)
农田灌溉用水 有效利用系数	50%	[0.65, 1)	[0.6, 0.65)	[0.55, 0.6)	[0.5, 0.55)	(0, 0.55)
社会调整 指标 c	40%	1.2	1.1	1	0.9	0.8
收入水平/元	50%	[30000, +∞)	[15000, 30000)	[8000, 15000)	[4000, 8000)	[0, 4000)
可承受能力 /(元/亩)	50%	[110, 135]	[95, 110)	[85, 95)	[75, 85)	[50, 75)
环境调整 指标 d	30%	0.9	0.95	1	1.05	1.1
总氮流失 系数	50%	[0.009, 0.010]	[0.010, 0.011)	[0.011, 0.012)	[0.012, 0.013)	[0.013, 0.02)
总磷流失 系数	50%	[0.001, 0.002)	(0.002, 0.003)	(0.003, 0.004]	(0.004, 0.005)	(0.005, 0.006]

经调查，建业灌区万元 GDP 耗水量、农田灌溉用水有效利用系数分别为 425t/万元、0.53，所以经济调整系数 b 为：$0.95 \times 50\% + 1.05 \times 50\% = 1$。

建业灌区平均收入水平、可承受能力分别为 22324 元/年、92 元/亩，所以社会调整系数 c 为：$1.1 \times 50\% + 1 \times 50\% = 1.05$。

建业灌区总氮流失系数、总磷流失系数分别为 0.0095、0.0015，所以环境调整系数 d 为：$0.9 \times 50\% + 0.9 \times 50\% = 0.9$。

则该区域社会、经济和环境调整总系数为：$b \times c \times d = 1 \times 1.05 \times 0.9 = 0.945$。

则该建业灌区区域的第三方指导的调整水权价格：129.6×0.945＝122.47（元/亩），0.20×0.945＝0.189（元/m³）。

按照同样的测算方法，可以得到柳河灌区的第三方指导的调整水权价格：135.09×1.045＝141.17（元/亩），0.25×0.965＝0.24（元/m³）。

5.4.4.4 基于市场供求的水权转换价格（F_4）

由于建业灌区缺乏农业灌溉取水设备，因此，在枯水期水资源缺口巨大，需要通过水权交易弥补其水量缺口。因此，在调整水价（F_3）的基础上，从该区因为供求关系不同而产生的差别以及供求的迫切程度入手，对水权转换价格进行调整、界定。即 $F_4 = F_3 \dfrac{\left[(Q_{ijd} - Q_{ijs}) / Q_{ijd} \right] GDP_{ijd}}{\left[(Q'_{ijs} - Q'_{ijd}) / Q'_{ijs} \right] GDP'_{ijs}}$。其中，$Q_{ijd}$ 表示某 i 地区 j 用户的需水量；Q_{ijs} 表示某 i 地区 j 用户获得的实际供水量；GDP_{ijd} 表示某 i 地区 j 用户产生的 GDP。其可以反映不同地区、不同用户的缺水及需水的迫切程度，同时，用水单位产值（GDP）高的将被政策倾斜。根据调查计算发现，建业灌区未来 10 年需水量为 [26300，26880] 万 m³，但所赋水权为 2294.13 万 m³/年，单位水量 GDP 为 2.50 元/m³；柳河水库灌区需水量 [18000，18450] 万 m³，所赋水权 2187.92 万 m³/年，单位水量 GDP 为 2.2 元/m³。综上可发现，柳河灌区作为供水方，可以向和平灌区卖出水权，其交易价格上下限为

$$F_4^+ = 0.25 \times \frac{[(2688-2294.13)/2688] \times 2.5}{[(2187.92-1845)/2187.92] \times 2.2} = 0.27(元/m³) \quad (5.54)$$

$$F_4^- = 0.25 \times \frac{[(2630-2294.13)/2630] \times 2.5}{[(2187.92-1810)/2187.92] \times 2.2} = 0.21(元/m³) \quad (5.55)$$

5.4.5 水权交易测算方式

5.4.5.1 水权交易价格测算

庆安市水权交易价格测算见表 5.5。

表 5.5　　　　　　　　　庆安市水权交易价格测算

区　域	水权交易价格	下　限	上　限	均　值
供水区 （柳河灌区）	现有水价/(元/m³)			0.28
	初始水权价格/(元/m³)			0.25
	调整水权价格/(元/m³)			0.24
	扭转水权指导价格/(元/m³)	0.21	0.27	0.24
	最终指导价格/(元/m³)	0.21	0.27	0.24

续表

区　域	水权交易价格	下　限	上　限	均　值
受水区 （建业灌区）	目前执行水价/(元/m³)			0.19
	初始水权价格/(元/m³)			0.20
	调整水权价格/(元/m³)			0.21
	购买水权量/(万 m³/年)	387.92	335.87	361.89
	交易水权量占比/%	14.43	12.77	13.6
	带来收益/万元	969.8	839.67	904.7
	付出交易成本/万元	81.46	90.68	86.07
	最终指导价格/(元/m³)	0.21	0.27	0.24
	标准水权交易价格/(元/m³)	0.21	0.27	0.24

由表 5.5 可知，按照庆安市水权交易规则，作为水权出让方的柳河水库灌区，将出让给建业灌区水权上限为 387.92 万 m³/年，下限为 335.87 万 m³/年，均值为 361.89 万 m³/年。

5.4.5.2　水权交易支付方式

（1）一次性支付。可以选择一次性支付方式，全款缴付可以享受水权交易总价 90% 的折扣优惠。由建业灌区管理站支付。

（2）逐年支付。可以选择逐年支付方式，其年度支出费用为各自分摊的水权交易成本。同时，对逐年支付方式，建议每 5 年进行一次调价听证会，以根据实际情况调整水权交易价格。

（3）分期支付。灌区也可以选择分期支付方式，包括银行贷款支付与交易双方约定分期支付两种方式，其中，银行贷款支付参考商业银行贷款事项，在此不做论述。交易双方约定分期支付利率参考商业银行贷款基准利率（1～5 年为 5%，5 年以上为 5.15%）。分期支付方案包括 3 年分期、5 年分期、10 年分期方案。

5.5　本章小结

水权制度运行的三个基本条件包括水权的界定、水价和水市场的管理。目前，黑龙江省水权确权工作已基本完成，水权证已逐步下发；与此同时，行业之间、用户之间也有需水及供水的需求，在水权平台初步培育的基础上，有条件进行水权交易试点。因此，深入辨析初始水权价格构成，建立水权交易价格测算方法，考虑影响水权转换的因素（包含社会公平、环境影响、经济发展规划），构建更为合理的水权转换价格形成机制十分必要。

本章着眼于水权交易过程中水权转换价格的形成机制框架构建，根据水权交易的类型（行政区域间、不同行业用水户间、行业内部用户间交易，以及政府回购并有偿出让水权），结合黑龙江省实际情况，进行了不同行业用水户间与行业内部用户间水权交易的水权转换价格的形成机制研究。

（1）在不同行业间水权交易中，构建考虑第三方影响的市场供求平衡的水权转让均衡定价方法框架。充分辨识行业间由于用水方式、效率以及经济效率差异造成的交易外部负效应；在构建基于市场均衡的水权扭转定价模型的基础上，将第三方影响调整融入其中，通过将第三方影响（经济、社会、环境、可接受程度等因素）等外部成本内部化对市场均衡水权价格进行调整、修正，以提高水权交易的公平性、效率性和可接受性。同时，将经济社会发展战略和生态保护规划等政策因素考虑到水权扭转价格形成机制中，通过政策情景分析，以获得更适合区域可持续发展的水权扭转价格定价机制。以虎林市为研究区，通过计算分析生活、农业、工业之间水权交易价格及模拟政策情景下的水权扭转价格变化。为黑龙江省水权工作的推进提供了必要的价格制定技术方法案例，同时，相关水权扭转价格结果也为当前初始水权定价、交易定价提供了有力的数据支撑。

（2）在不同行业间水权交易中，构建基于"四步制"的农业水权转换价格形成机制。从理顺水价形成机制入手，充分分析区域水资源稀缺性，以发挥市场的激励作用，提高水资源的配置效率、节水效益为出发点，综合考虑社会、经济、环境等影响因素，根据具体供求关系，制定符合区域发展的"四步制"农业水权转换价格形成机制：一是针对前期测算不准的问题，根据农业水价改革水价终端水价核算方法体系，计算区域全成本水价。二是分析水资源（时间及空间带来）的稀缺性，在考虑节水的情况下，制定初始水权价格。三是充分考虑社会、经济、环境因素，采用多层次调整法，对初始水权进行调整，获得调整水权价格。四是考虑区域间供求关系，加入市场机制，进行水权交易，获得水权转换价格。以庆安县为研究区，以建业灌区与柳河灌区为研究对象，通过计算获得两个灌区的初始水权价格、交易价格、交易成本、收益、付款方式等。建立水价调节及调整机制，获得具有社会适应性、适应用水户可承受能力、合理性较高的水价，不仅能够真实地反映商品水的生产成本和水市场的供求关系，还可以发挥水资源的调节收入分配职能，从而起到促进节约用水的作用，有效解决农业用水计量不健全、水价测算方法不科学等问题。

第6章
水权监管与水资源刚性约束融合机制研究

6.1 水资源用途管制

6.1.1 研究思路

参考土地用途管制的做法，结合我国国情水情和水资源的特殊性，将水资源用途管制的基本思路表述为以下四个方面：一是依据最严格水资源管理制度和水资源相关规划，明确水资源用途，控制水资源开发利用总量；二是优先保障城乡居民生活用水，严格保护基本生态用水和农业用水，优化配置生产经营用水；三是严格限制开发利用河湖水域岸线空间，有序实现河湖休养生息；四是严格水资源用途变更管制，确保按照确定的用途开发利用和使用水资源。这四个方面分别表示水资源用途管制的四个层面：第一层面是水资源用途确定制度，这是用途管制的前提和基础；第二层面是从生活、生态、生产"三生"用水角度，明确水资源用途管制的各自侧重点；第三层面是水资源管控角度，提出对河湖水域岸线空间的用途管制要求；第四层面是对取用水户的要求。

6.1.2 水资源用途管制制度建设

（1）依据最严格水资源管理制度和水资源相关规划，明确水资源用途，控制水资源开发利用总量。明确水资源用途和控制水资源开发利用总量是用途管制的前提和基础。

1）基于水资源的流动性、多功能性、综合利用性、利害两重性等特性，需要按照各流域和各区域的水资源和水环境承载能力，依据最严格水资源管理制度中的"三条红线"控制指标、水资源综合规划、各种专项水资源规划、水功能区划、水量分配方案、水中长期供求规划等，从水量、水质、水能、水域、水体等多个角度统筹确定水资源的用途，控制可开发利用水资源的总量。

a. 水量方面，需要从区域取用水总量、分类取用水总量（生活、生产、生态）、分行业取用水总量（工业、农业、服务业）、取用水户取用水总量等方面确定水资源用途和控制总量。

　　b. 水质方面，需要从水功能区和水功能区限制纳污能力等方面确定水资源用途和控制纳污总量。

　　c. 水能方面，需要按照水资源综合规划、水能资源开发利用规划等确定水资源用途和控制可开发利用水资源总量。

　　d. 水域方面，需要依据水域利用规划、水功能区划等确定水资源用途和控制总量。

　　e. 水体方面，需要按照水生态环境保护需要确定水资源用途。

　　2）基于水资源用途管制的需要，需要在现有的水资源规划和配置制度基础上，调整水资源规划编制和水功能区划编制思路，增加实行规划水资源论证制度，明确区域内各水源具体用途，水权确权过程中区分用水类型方面的相应内容：

　　a. 调整水资源规划编制思路，补充水资源可开发利用总量、分类分行业用水总量、生态环境用水保障等内容，以此作为水资源用途管制的依据。

　　b. 调整水功能区划编制思路，除了考虑水质要求之外，进一步统筹考虑水量、水质、水生态的管理目标要求。

　　c. 实行规划水资源论证制度，根据水资源和水环境承载能力合理确定区域经济社会发展布局，实现"以水定城、以水定地、以水定人、以水定产"的空间均衡理念。

　　d. 明确区域内各水源的具体用途。

　　e. 水权确权过程中要区分生活、农业、工业、服务业、生态等用水类型，明确水资源用途，并在相关权属证书中予以记载。

　　（2）优先保障城乡居民生活用水，严格保护基本生态用水和农业用水，优化配置生产经营用水。区分各种水资源用途，实行各有侧重的管制，这是水资源用途管制的核心内容。基于水资源的不确定性、多功能性、综合利用性等特性，需要从居民生活用水、基本生态用水和农业用水、生产经营用水等方面实行不同的用途管制。

　　1）优先保障城乡居民生活用水。优先保障城乡居民生活用水在用途管制制度里具有优先性。优先保障城乡居民生活用水需要从以下四方面考虑：①确定饮用水水源、水源地，包括备用水源、备用水源地，既包括《中华人民共和国水法》和《中华人民共和国水污染防治法》中规定的饮用水水源保护区，也包括水功能区的饮用水源区；②对饮用水水源和水源地采取严格的保护措施；③优水优用，确保优质水资源优先用于居民生活用水；④实施旱情紧急情况下的水量调度措施。

2）严格保护基本生态用水和农业用水。保障基本生态用水和农业用水是水资源用途管制的重点环节，也是生态文明制度建设的基本要求。保障基本生态用水需要从以下六方面综合考虑：

a. 生态流量保障制度，包括确定重要河道断面的生态流量、重点湖泊的生态水位；在调蓄径流、调度水资源、开展跨流域调水时，按照生态流量或生态水位保障要求，制定水量调度方案，并按照规定权限审批后组织实施。

b. 特殊区域的保障制度，即在江河源头区、海水入侵区、地下水超采区等生态敏感区或者生态脆弱区开发利用水资源，优先考虑维系生态的用水需求，在保障基本生态用水需求的前提下，合理开发利用水资源，确定水资源使用用途。

c. 深层地下水保护制度，国家应当将深层承压水作为战略储备水源，除了人畜饮水应急外，一般不得开采使用。有条件的地区，对已经开采或者应急开采后的，应当采取适当措施进行回补。

d. 生态补水制度。通过调水措施，对严重缺水影响生态系统稳定的江河湖泊、湿地、地下水严重超采区、地面沉降区实行生态补水。

e. 生态保障监测制度。包括建立水生态系统监测监控系统，掌握水生态系统情况，维护水生态系统稳定，发现有危及水生态系统稳定的情形时，应当及时停止危害行为，并采取相应补救措施。

f. 生态保障考核制度。逐步建立水生态保障状况的监督考核机制。实行最严格水资源管理制度的考核，将保障生态用水需求，水生态系统的稳定性和完整性纳入考核指标。

保障基本农业用水的重点是根据本地实际情况，在用水总量控制指标中合理确定基本农业用水总量。通过进一步明确灌区的用水总量指标、开展灌区水量分配、对农村集体经济组织水塘水库中的水资源使用权进行确权等工作，明确农户的灌溉用水权，确保基本农业用水。

3）优化配置生产经营用水。优化配置生产经营用水，既包括河道外的取用水，也包括河道内的发电、航运、渔业等用水。在行业用水总量指标范围内，控制工业（含服务业）企业取水许可审批总量，缺水地区要严格限制人造滑雪场、高尔夫球场、高档洗浴场所等高耗水项目发展。进一步规范取水许可管理，科学核定许可水量，发放取水许可证，明确工业（含服务业）企业的取水权。取水许可证中载明的取水用途，不得擅自变更调整。

（3）严格限制开发利用河湖水域岸线空间，有序实现河湖休养生息。江河湖泊是水资源的重要载体，对河湖水域岸线空间实行用途管制是水资源用途管制的应有之义。党的十八届三中全会要求"有序实现耕地、河湖休养生息"相关用途管制的核心是严格限制开发利用河湖水域岸线空间。

1）严格水功能区管理，确立水功能区影响论证制度，进行水资源开发利用、废污水排放、航运、旅游以及河道管理范围内项目建设等可能对水功能区有影响的涉水活动，有关单位在提交的取水许可申请、入河排污口设置申请等行政审批申请文件中，应当就涉水活动对水功能区水质、水量、水生态的影响进行论证，并提出预防、减缓、治理、补偿等措施。

2）实行岸线分区管理制度，综合考虑水资源规划、水功能区划、采砂管理规划、岸线利用管理规划等，将岸线划分为保护区、保留区、限制开发区、开发利用区，严格分区管理。

3）健全禁止河湖围垦制度，严格限制建设项目占用水域，防止现有水域面积衰减。

4）建立占用水域补偿制度。建设项目确需占用水域的，应按照消除对水域功能的不利影响、等效替代的原则，实行占用补偿。探索建设项目占用水域的补偿方式，制定相应的补偿管理办法。要把占用水域补偿措施作为河道管理范围内建设项目工程建设方案审查的重要内容，与建设项目同步实施。

（4）严格水资源用途变更管制，确保按照确定的用途开发利用和使用水资源。对水资源用途变更实行严格管制，是确保水资源能够按照确定的用途进行开发利用和使用的重要措施。

1）明确禁止用途变更的情形。禁止基本生态用水转变为工业等生产用途，禁止农业灌溉基本用水转变为非农业用途。禁止严重影响城乡居民生活用水安全的水资源用途变更，以及可能对第三者或者社会公共利益产生重大损害且没有采取有效补救措施的水资源用途变更。

2）严格规划调整中的水资源用途变更。规划调整涉及水资源用途变更的，应当重新进行规划水资源论证，确保水资源用途管制目标的实现。

3）严格水权交易中的水资源用途变更。取用水户因水权交易需要变更水资源用途的，审批机关在办理取水权变更手续时，应当对用途变更进行严格审核，综合考虑用途变更可能对水资源供需平衡、生态与环境、社会公共利益、利害关系人的利益带来的影响，涉及社会公共利益和可能对第三方造成重大影响需要听证的，应当向社会公告并举行听证，防止农业、生态或居民生活用水被挤占。

6.2 水权动态管理

水资源具有流动性、年际年内变化性、多功能性、利害双重性等特殊属性。在完成水资源使用权确权工作后，需要加强水资源使用权的动态管理。

6.2.1　建立水权数据库

按照水权确权数据库建设的要求，根据水权确权对象，按照确权范围，建立省、市、县（区）三级水权数据库，对区域内水资源使用权进行统一电子登记。建立水资源使用权确权动态管理机制，即使发布水资源使用权确权工作相关信息，公示确权情况，根据取用水变化情况及时变更及注销水资源使用权证，并对确权数据库相关信息进行实时更新，实现水资源确权工作动态管理。

6.2.2　健全水资源监控体系

加快推进水资源监控管理系统建设，重点加强万亩以上灌区、重点工业用水户的监测计量设施建设，提高取用水计量设施配备率和计量监测能力，为水权确权及后续监管提供支撑。凡给予水权确权发证的，要配套建设水资源计量监控系统；暂时没有条件建设计量监控系统的，暂不发放水资源使用权证。为此，要在国家开展水资源监控项目的同时，同步开展省级水资源信息系统建设，进一步拓展监控范围，健全水资源监控体系，为水权确权打好基础。同时，依据国家和省政府的取水许可管理规定，对许可水量核定取水许可证的延续和注销、信息统计与报送等进行规范，为水资源确权提供保障。

6.2.3　加强计划用水管理

依据《水利部关于印发〈计划用水管理办法〉的通知》（水资源〔2014〕360 号）和各省（自治区、直辖市）的有关规定，综合考虑确权水量和当年实际来水量，探索开展水资源统一调度和计划用水管理。

6.2.4　探索开展水权交易流转

在确权基础上，鼓励和引导依法开展水权交易，通过市场机制实现水资源使用权在地区间、行业间、用水户间的流转，有条件的地区可搭建水权交易平台。办理取水许可证的单位或者个人（公共供水企业除外）通过调整产品和产业结构、改革工艺、节水、利用非常规水源等措施节约水资源的，在取水许可有效期和取水许可限额内，其节约的水权指标可以交易。

6.3　水资源刚性约束机制

从"标准""制度""措施"三个方面入手，构建有利于发挥水资源刚性约束作用的保障体系。

6.3.1　建立水资源刚性约束的判断标准

标准是定性要求转向定量管理的桥梁。要发挥水资源刚性约束作用，首先需要建立相关标准，使之从定性上的要求实化为定量上的管理。对于水资源刚性约束而言，需要分别从区域和取用水两个层面建立标准，如图 6.1 所示。

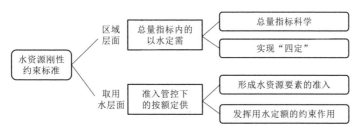

图 6.1　水资源刚性约束的判断标准

6.3.1.1　区域层面的判断标准：总量指标内的以水定需

在区域层面，核心判断标准是，一个地区的"城""地""人""产"等经济社会要素是否严格控制在水资源总量指标范围内，实现总量指标内的"以水定需"。

（1）从前提看，需要尽快确定各地的可用水量（包括自产水和外用水），进而明确发挥刚性约束作用的水资源总量指标的标准。从管理角度看，总量指标的科学性，直接决定了后续开展刚性约束管理的合理性。研究认为，目前存在多套总量指标，需要因地制宜明确作为水资源刚性约束的总量指标。

对于丰水地区，虽然当地水资源量比较丰富，但是落实节水优先方针，应当把区域用水总量控制指标作为总量指标边界。其中对于已经开展水量分配的江河，进一步把江河水量分配指标作为该流域总量指标边界，从而形成"区域用水总量控制指标＋各有关江河水量分配指标"的双指标约束体系。

对于缺水地区，特别是辽河等流域所在的严重缺水地区，有必要以水资源承载能力指标作为水资源刚性约束的总量指标。这是因为，一方面，按照最严格水资源管理制度层层分解下达的区域用水总量控制指标，主要是按照水资源最大开发利用量和现状实际利用量推算出来的，严重缺水地区大多已经超过了水资源承载能力，不宜作为水资源刚性约束的总量控制。而黄河、永定河等已经开展水量分配的江河，其水量分配指标也往往超过了水资源承载能力，也不宜作为水资源刚性约束的总量指标。另一方面，水资源承载能力指标体现了水资源（包括自产水和外用水）能够支撑经济社会发展（包括工业、农业、社会、人民生活等）的能力，是水资源自然属性的客观体现。因此，在严重缺水地区，有必要以水资源承载能力指标作为水资源刚性约束的总量指标。值得注意的是，水资源承载能力指标在一定条件下是确定的；但是，伴随着外用水增加等因素，水资源承载能力也会存在变化，因此应当建立动态的水资源承载能力指标评价体系。

（2）从结果看，可以把是否以水定需和实现"四定"（即以水定城、以水定地、以水定人、以水定产），作为判断水资源是否发挥刚性约束的标准。研究认为，"四定"既是一个过程，也是一种结果，都是以水定需、发挥水资源刚性约束作用的具体落实和反映。因此，可以把一个区域是否落实和实现"四定"作为判断水资源是否发挥刚性约束的重要标准。

6.3.1.2　取用水层面的判断标准：准入管控下的按额定供

在取用水层面，核心判断标准是取用水户的取用水是否满足准入条件和用水定额约束条件，实现准入管控下的"按额定供"。

（1）基于当地水资源要素条件建立准入约束，形成"准入管控"。"准入管控"既包括数量管控（如高耗水产业的准入管控），也包括用途管控（如地下水超采地区的地下水用途管控）等。

（2）发挥用水定额的约束作用，形成"按额定供"。"额"从管理角度看是用水定额，从权利角度看则是用水权。所谓"按额定供"，是指根据取用水户的用水定额进行供水，超过额度的应当予以严格限制并实行累进加价。

6.3.2　健全水资源刚性约束的制度体系

研究认为，在确立标准之后，要真正发挥水资源刚性约束作用，还需要从四个方面入手建立健全相关制度，形成水资源刚性约束的"制度体系"，如图 6.2 所示。

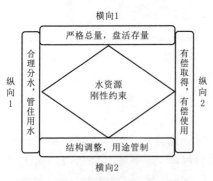

图 6.2　水资源刚性约束制度
体系的关键内容

（1）合理分水，管住用水。二者从纵向的分配和利用两个环节入手，重在体现刚性约束边界的确定及其落实。

1）合理分水。在区域层面，需要抓紧建立健全水量分配制度，并在缺水地区建立水资源承载能力评价制度。在取用水层面，需要抓紧健全和完善用水定额管理制度；建立健全用水权初始分配制度。考虑到缺水地区实际，还需要建立与区域水资源承载能力相适应的用水定额动态调整机制。

2）管住用水。在区域层面，需要按照落实"四定"的要求，抓紧建立规划水资源论证制度，并按照落实水量分配和保障生态用水等要求，健全水资源调度制度。在取用水层面，需要抓紧健全取水许可制度及其动态管理制度，完善灌区用水管理制度，健全水资源计量监控制度。

（2）严控总量，盘活存量。二者从横向的总量和存量关系入手，既是"合理分水"的延伸，也是"管住用水"的体现，更是"刚性约束"的出路。

1）严控总量。严控总量方面，需要健全和完善用水总量控制制度。对此，既要有正向引导，也要有反向严控。正向引导主要体现为考核问责；反向严控就是在接近或超过总量时的严格控制，包括水资源监测预警、区域取水限批等。

2）盘活存量。在严控总量下，必须在制度上允许盘活存量，使水资源刚性约束成为一项"给出路的政策"。从各地实际看，存量水资源主要体现如下：①结余或闲置，如取用水户因取水许可水量偏大而形成闲置取用水指标等；②节约，如投资节水而导致水资源使用量下降，形成节约水量。需要建立闲置取用水指标处置制度，并健全和完善区域之间、取用水户之间的水权交易制度。

（3）有偿取得，有偿使用。上述两点侧重于行政手段，那么"有偿取得，有偿使用"则从经济手段入手，围绕水资源的取得和使用两个关键环节进行制度建设，对水资源刚性约束作用的发挥构成重要补充。

1）有偿取得。我国土地、矿产等自然资源的取得和使用大体上经历了三个阶段：第一阶段是"无偿取得、无偿使用"，第二阶段是"无偿取得、有偿使用"，第三阶段是"有偿取得、有偿使用"。取水权的取得与使用现处于第二阶段，这不仅与当前及今后的水资源供求矛盾不相适应，而且与发挥水资源刚性约束作用不相适应。因此，应当向第三阶段转变，探索实行取水权有偿取得。

考虑到水资源具有很强的公益性，居民生活、农业、生态用水事关百姓生存、粮食安全、生态安全，应给予基本保障，因此，现阶段取水权有偿取得可仅限于工业企业（含服务业，下同）用水，暂不包括生活、农业、生态用水。工业企业取水权有偿取得，大体上有两类：一类是通过交易从其他取用水户有偿取得取水权，如内蒙古、宁夏等地区农业向工业的跨行业水权交易；另一类是通过政府有偿出让，工业企业缴纳权利金后获得取水权，如新疆吐鲁番地区的水权交易。实行工业企业取水权有偿取得，本质是按照水资源是稀缺资源、水资源具有经济价值的理念，形成反映水资源稀缺程度的价格体系和市场，对于发挥水资源刚性约束可以充分发挥"四两拨千斤"的杠杆作用。

2）有偿使用。广义的有偿使用包括征收水资源费（税）、缴纳水利工程水费和城乡供水水费等。把水资源作为刚性约束，需要按照政府市场两手发力的要求，完善有偿使用各项制度，做好水资源税和水价文章，促进产业结构调整和用水行为转变。其重点如下：①健全与水资源税征收和使用管理相配套的制度；②健全和完善阶梯水价、两部制水价、有利于促进外调水利用的区域多水源联动水价等水价制度。

（4）结构调整，用途管制。上述三点侧重于数量意义上的刚性约束，"结构调整，用途管制"则侧重于用途意义上的刚性约束，对水资源刚性约束作用的发挥构成重要补充。

1）结构调整。水资源刚性约束条件下，需要实现生活、生产（含农业、工业等）、生态（含河道内生态、河道外生态）等用水结构的均衡。对于缺水地区而言，开展用水结构调整的关键点，一是逐步建立农业超用水的退出机制，二是建立生态流量保障机制。

2）用途管制。水资源用途管制包括地下水、地下水等常规水资源用途管制，以及再生水等非常水源的用途管制。对于缺水地区，一是建立负面清单制度，二是建立用途变更审查制度。

基于上述分析，构建水资源刚性约束的"制度体系"，如图 6.3 所示。

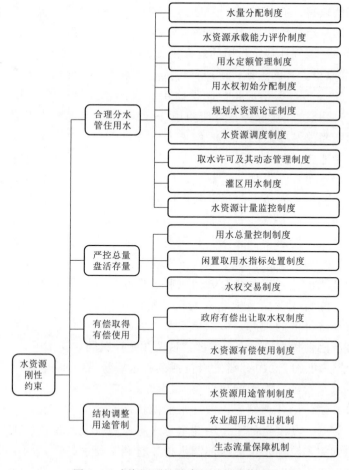

图 6.3　水资源刚性约束的"制度体系"

上述这些制度，可以大致分为两类：①根据新形势新要求进行完善的制度，包括水量分配制度、用水定额管理制度、水资源调度制度、取水许可及其动态管理制度、灌区用水制度、水资源计量监控制度、水权交易制度、水资源有偿使用制度等；②需要新建立的制度，包括水资源承载能力评价制度、用水权初始分配制度、规划水资源论证制度、用水总量控制制度、闲置取用水指标处置制度、政府有偿出让取水权制度、水资源用途管制制度、农业超用水退出机制、生态流量保障机制等。

6.3.3　强化水资源刚性约束的落地措施

　　结合最严格水资源管理制度和水资源双控行动的进一步落实，从区域和取用水两个层面，采取切实措施，促进水资源刚性约束的落地。

6.3.3.1　区域层面

　　在区域层面，落实水资源刚性约束，需要按照"保护优先，重在治理"的思路，重点抓好以下措施：

　　(1) 开展水资源承载能力评价。在这方面，2016 年水利部办公厅印发了《关于做好建立全国水资源承载能力监测预警机制工作的通知》，对核算县域水资源承载能力等工作进行了部署。有必要在相关工作基础上，抓紧完成黄河、西北内陆河、西辽河等严重缺水河流以及华北地区等严重缺水地区的水资源承载能力评价报告，并按程序进行批复，作为在这些严重缺水地区开展水资源刚性约束的标准。

　　(2) 严格区域用水总量控制。首先要按照"应分尽分"的原则，抓紧开展跨省江河和省内跨区河流的水量分配。水量分配过程中，应当做好与区域用水总量控制指标和水资源承载能力指标之间的衔接。水量分配之后，则应当严格做好水资源调度，确保水量分配方案落到实处。对于用水总量达到或超过总量指标的地区，严格区域取水限批，并鼓励开展区域水权交易解决水资源供需矛盾问题。

　　(3) 加强规划水资源限制工作推行力度。在以往开展的规划水资源论证试点工作基础上，按照落实"四定"要求，尽快推行规划水资源论证，确保城市总体规划和开发区、工业园区规划以及重大建设项目布局不超过流域和区域水资源承载能力。

　　(4) 加快地下水超采区治理。综合考虑水、地、产业结构等要素，综合施策，加快华北地区、西辽河地区等严重地下水超采区的治理和修复。

6.3.3.2　取用水层面

　　在区域层面，落实水资源刚性约束，需要按照"水资源节约集约利用"的思路，在做好水资源论证、取水许可管理、水资源计量监控、水资源费征收等常规取用水管理工作基础上，重点抓好以下措施：

（1）开展用水权初始分配。党的十八届五中全会明确提出"建立健全用水权初始分配制度"。用水权包括"既取又用"的自备水源取用水户，也包括"只用不取"的灌区内用水户。对于前者，要科学核定许可水量，规范取水许可管理，明确其取水权；对于后者，重点在缺水地区，因地制宜明确确权单元（灌区、灌区内行政区域、用水户协会或终端用水户）、确权对象（灌区管理单位、用水户协会或终端用水户）、确权水量核定等要素，明确灌区内用水户的用水权。

（2）实施取水许可动态管理。取水许可动态管理的实质是在取水许可管理的各个环节，建立取用水量动态跟踪与动态调整机制，实现许可水量的动态化管理和精细化管理。为此，要围绕取水许可办理和取水许可延续两个关键环节，实行许可水量的动态调整。

（3）试行工业企业取水权有偿取得。根据不同地区的水资源利用和管理现状以及不同类型的企业及其承受能力，逐步探索试行工业企业取水权有偿取得。

1）鼓励水资源较为短缺以及已达到、接近甚至超过总量控制上限的地区率先探索开展工业企业取水权有偿取得。

2）要按照"控制总量、盘活存量"的思路，引导和鼓励企业优先通过水权交易满足新增合理用水需求，只有在节水潜力基本挖掘完毕、水权交易发展空间不大的情况下，才实行向政府有偿取得取水权。

3）区分新增取水权和现有取水权，对于新增取水权，要求其通过有偿取得方式满足新建、改建、扩建项目新增合理用水需求；对于现有取水权，在条件具备时要求其以补缴水资源出让金等方式取得取水权。

6.4　本章小结

（1）本章从水资源用途管制的概念和特征出发，分析了我国水资源用途管制的现状及存在的主要问题，在借鉴土地用途管制制度经验的基础上，充分考虑水资源的特殊性，提出了水资源用途管制的思路，重点要建立健全水资源用途确定、生态用水保障、可开发利用水资源用途分类管制、水资源用途变更管制等制度。

（2）本章根据水资源刚性约束机制的内在要求，构建了水资源刚性约束的判断标准，提出了健全水资源刚性约束的制度体系和落地措施。在区域层面，核心判断标准是，一个地区的"城""地""人""产"等经济社会要素是否严格控制在水资源总量指标范围内，实现总量指标内的"以水定需"。在取用水层面，核心判断标准是取用水户的取用水是否满足准入条件和用水定额约束条件，实现准入管控下的"按额定供"。从制度看，包括两类制度：①目前已经有但需要根据新形势新要求进行完善的制度，包括水量分配制度、用水定额管理制度、水资源调度制度、取水许可及其动态管理制度、灌区用水制度、水资源计量监控制度、水权交易制度、水资源有偿使用制度等；②需要新建立的制度，包括水资源承载能力评价制度、用水权初始分配制度、规划水资源论证制度、用水总量控制制度、闲置取用水指标处置制度、政府有偿出让取水权制度、水资源用途管制制度、农业超用水退出机制、生态流量保障机制等。

第7章
经济与社会效益分析

7.1 经济效益

7.1.1 虎林市初始水权优化配置效益

采用"准市场化"初始水权配置模型以及区间两阶段模糊差别化水价模型，分别对虎林市县域初始水权和农业初始水权进行优化配置。虎林市原农业用水包括地下水、地表水，合计 71301.69 万 m³，调整初始水权配置后，虎林市农业用水总量 71174.26 万 m³。当政策情景为分配水总量的 97%、95%、90%时，依据虎林市水权分配现状，农业将付出相应的节水成本为 24127.14 万元、40211.9 万元、80423.8 万元。若依据"准市场化"水权配置进行水权再分配，农业将平均付出的节水成本为 6247.4 万元、10412.4 万元、20824.8 万元。最低可节约成本 17879.7 亿元，可大大降低农业节水成本。虎林市原工业用水总量为 415.81 万 m³，统一为地下水。当政策情景为分配水总量的 97%、95%、90%时，依据虎林市水权分配现状，工业将付出相应的节水成本为 4846.2 万元、8077 万元、16154 万元。若依据"准市场化"水权配置进行水权再分配，工业将付出的节水成本为 1756.1 万元、2945.7 万元、6998.2 万元。最低节约成本 3090.1 万元，优先保证经济效益高的企业予以优先水权分配保障。农业和工业总共节约成本效益 20969.8 亿元。

7.1.2 虎林市不同行业间基于市场供求的用水结构及水价收益分析

从用水结构看。从虎林市 2016 年度国民经济和社会发展统计公报可知，虎林市全年对于农业、工业、生活、生态环境总的供水量为 7 亿 m³：其中生活用水量为 419 万 m³；农业用水量为 694×10⁶ m³，工业用水量为 150 万 m³，生态用水量为 4.3 万 m³。根据上述供求平衡模型求得在用水效用最优、目标利润最大的条件下得到最优化的用水分配情况如下：生活用水量为 2522 万 m³，农业用水量为 6 亿 6717 万 m³，工业用水量为 504 万 m³，生态用水量为 252 万 m³。

从水价看。虎林市现行水价：生活水价 2.6 元/m³，工业水价 4.8 元/m³，农业水价 0.062 元/m³。根据水资源供求平衡模型求得基于供求平衡关系的水资源价格，在考虑第三方影响后，将对经济、社会、生态环境的影响加权计入水资源价格调整得到的水资源价格，以"三条红线"和最严格水资源管理制度为依据，取政策情景为 S2（2020 年）时总供水量调减后的水资源价格，得到虎林市生活水价应为 3.4 元/m³，工业水价应为 5.6 元/m³，农业水价为 0.18 元/m³。虎林市水价整体偏低，水价提升存在一定空间。

7.1.3　庆安县同行业内不同用水户间水权交易收益分析

根据调查计算发现，建业灌区 2020—2030 年需水量为［26300，26880］万 m³，但所赋水权为 2294.13 万 m³/年，单位水量 GDP 为 2.50 元/m³；柳河水库灌区需水量［18000，18450］万 m³，所赋水权 2187.92 万 m³/年，单位水量 GDP 为 2.2 元/m³。柳河水库灌区作为供水方，可以向建业灌区卖出水权。按照庆安市水权交易规则，作为水权出让方的柳河水库灌区，将出让给建业灌区水权上限定为 387.92 万 m³/年，下限定为 335.87 万 m³/年，均值为 361.89 万 m³/年。

7.2　社会效益

黑龙江用水权分配及管控关键技术不仅产生经济效益，还会产生社会效益，下面将从初始水权优化配置，合理的水权交易，遥感技术和 GIS 技术，构建有利于发挥水资源刚性约束作用的保障体系这四个方面展开分析。

（1）初始水权优化配置研究成果将为地方人民政府制定更加详细的奖补措施提供相关科学指导。政府为灌区的节水制定合理的奖补措施，可以有效地促进灌区更加细致管理灌溉用水，增加用水投资，更大程度上增进用水户节水意识，同时保证灌区用水收益最大化，与此同时灌区节约的水权可用于水权交易或者吸收周边"五小水利"工程灌溉面积以获得更大的收益。此外，政府相关部门在制度设立环节中，应综合各方情况制定合理的水价定价机制，高效应用价格机制调控农业用水，利用政府供水补贴、农业水价多层次定价、成本-利益多元化补贴机制等手段，立足农民利益角度予以优惠以充分调动农民节水积极性，改革水价收费制度，实行计量收费制度，使用水户采用节水灌溉技术得到的净收益大于不采用节水灌溉技术的净收益。

（2）合理的水权交易可以很好地缓解黑龙江省水资源面临的压力，可以提高水资源的利用效率，减少水资源浪费与污染，实现水资源的优化配置，从而节约用水，完成水资源"三条红线"控制目标。合理的水资源交易价格可以更好地帮助水权交易制度的建设与完善。

在不同行业间水权交易中，构建考虑第三方影响的市场供求平衡的水权转让均衡定价方法框架。本书以虎林市为研究区，通过计算分析生活、农业、工业之间水权交易价格及模拟政策情节下的水权扭转价格变化，为黑龙江省水权工作的推进提供必要的价格制定技术方法案例；同时，相关水权扭转价格结果也为当前初始水权定价、交易定价提供有利的数据支撑。

在不同行业间水权交易中，构建基于"四步制"的农业水权转换价格形成机制。以庆安县为研究区，以建业灌区与柳河灌区为研究对象，通过计算获得两个灌区的初始水权价格、交易价格、交易成本、收益、付款方式等。建立水价调节及调整机制，获得具有社会适应性、适应用水户可承受能力、合理性较高的水价，能够真实地反映商品水的生产成本和水市场的供求关系，以发挥水资源的调节收入分配职能，从而起到促进节约用水，有效解决农业用水计量不健全、水价测算方法不科学等问题。

（3）将遥感技术和 GIS 技术，应用于灌区取用水管理范围划界，构建集成技术模式，保证了灌区水权确权工作的科学性，同时将灌区取用水管理精细化到田间，实现灌区各类专题数据的"一张图"管理应用，为灌区日常管理工作提供便利，为黑龙江省各灌区用水精细化管理提供系统平台支撑和样板。

（4）从"标准""制度"两个方面入手，构建有利于发挥水资源刚性约束作用的保障体系。标准方面，基于水权改革需求，从区域和取用水两个层面，分别提出了"总量指标内的以水定需""准入管控下的按额定供"的水资源刚性约束机制的判断标准。制度方面，在国家着力推进的"合理分水、管住用水"基础上，进一步从"控制总量、盘活存量""有偿取得、有偿使用""结构管制、用途调整"等方面，构建了发挥水资源刚性约束机制作用的"制度束"，为黑龙江省提出了可复制模式。

第8章
总结与展望

8.1 总结

本书主要围绕黑龙江省水权改革和水资源刚性约束技术与应用开展了一系列研究，以上7个章节都分别做了详细的展开分析。本书的主要贡献在于提出了黑龙江省水权分配及管控应用理论、黑龙江省典型区水权优化配置方案和灌区取用水管理划界与水权确定关键技术，建立了水权交易与农业水权转换价格创新机制以及构建了不同行业间（同行业不同用水户）水权交易技术应用模式，下面将从这5个方面对前面重点内容进行总结。

8.1.1 提出黑龙江省水权分配及管控应用理论

（1）立足物权理论和自然资源资产产权改革要求，构建符合黑龙江省省情水情的水权权利体系。按照所有权、用益物权的物权理论和体系，落实中央印发的"构建归属清晰、权责明确、监管有效的自然资源资产产权制度"等问题，构建了由水资源所有权（含区域水权）、水资源使用权（含取水权、用水权）构成的水权权利体系。

（2）界定政府与市场在水资源配置不同环节各自发挥的作用，阐释区域水权确权、取水权确权、用水权确权等不同类型水权确权的路径和重点，构建水权配置体系；明晰区域水权交易、取水权交易、灌溉用水户水权交易等不同类型水权交易流转的条件、内容和程序，构建水权流转体系；提出培育水权交易市场的任务和措施，明确水权管理和水资源用途管制的重点和实现途径，构建水权监管体系。

（3）提出权利取得条件和权利关联理论，创新水资源使用权实现方式。综合国内外自然资源管理的做法和经验，对于国家所有自然资源，当其具有经济价值且为稀缺资源时，权利的取得条件（无偿/有偿）决定了权利内容（不完整/完整）。基于这一创新理论，对水资源使用权的实现方式进行创新和突破。

8.1.2 提出黑龙江省典型区水权优化配置方案

（1）基于"准市场化"行政区初始水权配置。在识别区域人口分布及产业布局特点的基础上，按行政区划对其用水特征进行量化表征，将水资源作为"准公共产品"，建立市场机制与宏观调控互动的"准市场化"水权确权模式。同时，综合考虑虎林市的产业发展方向，从水效能提升视角开展区域产业结构、规模优化调整研究，以水权确权为纽带构建"准市场化"水权优化配置模型，重塑区域经济产业结构及资源环境战略。在"准市场化"模式下，根据"三条红线"要求，保证地区生活、生态用水，设置 10 种政策情景（依次为当前可用水量的 99％、98％、97％、95％、94％、92％、91％、90％、88％、80％），针对工业、农业进行水权的优化配置。对于用水效率高的用户首先满足其用水需求；对于用水效率低的用户，农业用户水权调减量不超过农业水权总量 10％，工业用户水权调减量不超过工业水权总量的 15％。对比现行初始水权配置模式，分析节水收益。

（2）基于区间两阶段模糊差别化水价的农业初始水权配置。基于农业用水的现实问题，将农业水权优化及价格手段相结合，对县域农业多用户初始水权进行优化。采用区间两阶段规划来反映不确定参数与经济惩罚间的复杂响应关系，在寻求初始水权分配系统收益最优及节水的背景下，设置 4 种政策情景（农业可用水量的 3％、5％、10％、15％），用水效率高的农业灌区水权调减较少，反之调减较多，最多不超过该灌区农业总用水水权的 20％。同时，当各灌区需达成既定的节水目标时，需对灌区渠系工程进行完善，由此产生的节水成本也需要政府制定相应的节水奖补措施。区间两阶段模糊差别化水价模型可为地区农业节水提供可靠的水权优化配置方式，使水资源的配置效率得以提升。

8.1.3　提出灌区取用水管理划界与水权确权关键技术

（1）集成遥感技术、GIS 技术采用亚米级高分辨率卫星遥感影像和 0.1m 无人机航摄影像划界底图，高分辨率的遥感影像保证了划界位置的准确性，建立灌区地形地貌数字高程模型，结合遥感影像数据及农村土地确权数据，构建灌区取水与田间渠系工程空间矢量数据集，判断灌区管理范围、渠系工程，确定用水户协会管理范围，增加了确权工作的科学性。

（2）结合地理信息及导航定位技术，开发移动 PAD 端系统，装载灌区管理范围、渠系工程和用水户协会管理范围初步判断适量数据和遥感影像数据，进行外业调绘核查，同时应用 PAD 端现场地面拍照，建立地面影像数据，有效发挥 PAD 端系统实时准确定位、移动便捷的优势，通过现场核查数据，保证了核查工作准确性，同时提高了外业核查效率，节约了时间成本。

（3）利用 GIS 技术建立空间关系处理模型，划定灌区管理范围、渠系工程及用水户协会管理范围界线。开发数据库，为数据管理提供新方法，方便灌区取用水空间管控系统数据调用。

（4）以灌区管理范围、渠系工程及用水户协会管理范围界限为面积控制，以灌区取水许可证登记水量为水量控制，建立灌区水权分配模型，将灌区取用水分配到田间，最终确权到农民用水户协会、农民种植合作社等用水户，实现灌区终端用水精细化管理。

（5）基于 Web GIS 技术，搭建灌区取用水空间管控系统，构建农民用水自治、水管单位管理和用户参与等多种形式的用水管理平台，实现灌区取用水"一张图"的可视化管理。

8.1.4 建立水权交易与农业水权转换价格创新机制

（1）构建不同行业间考虑第三方影响的市场供求平衡的水权转让均衡定价方法框架。充分辨识行业间由于用水方式、效率、经济效益差异造成的交易外部负效应；在构建基于市场均衡的水权扭转定价模型的基础上，将第三方影响调整融入其中，通过将第三方影响（经济、社会、环境、可接受程度等因素）等外部成本内部化对市场均衡水权价格进行调整、修正，以提高水权交易的公平性、效率性和可接受性。同时，将经济社会发展战略和生态保护规划等政策因素考虑到水权扭转价格形成机制，通过政策情景分析，以获得更适合区域可持续发展的水权扭转价格定价机制。以虎林市为研究区，通过计算分析生活、农业、工业间水权交易价格及模拟政策情景下的水权扭转价格变化，为黑龙江省水权工作的推进提供必要的价格制定技术方法，相关水权扭转价格结果也为当前初始水权定价、交易定价提供有力的数据支撑。

（2）构建基于"四步制"的农业水权转换价格形成机制。从理顺水价形成机制入手，充分分析区域水资源稀缺性，以发挥市场的激励作用，提高水资源的配置效率、节水效益。综合考虑社会、经济、环境等影响因素，根据具体供求关系，制定符合区域发展的"四步制"农业水权转换价格形成机制：针对前期测算不准的问题，根据农业水价改革水价终端水价核算方法体系，计算区域全成本水价；在考虑节水的情况下，制定初始水权价格；充分考虑社会、经济、环境因素，采用多层次调整法，对初始水权进行调整，获得调整水权价格；考虑区域间供求关系，加入市场机制，进行水权交易，获得水权转换价格。以庆安县为研究区，以建业灌区与柳河灌区为研究对象，通过计算获得两个灌区的初始水权价格、交易价格、交易成本、收益、付款方式等。建立水价调节及调整机制，获得具有社会适应性、适应用水户可承受能力、合理性较高的水价，能够真实地反映商品水的生产成本和水市场的供求关系，以发挥水资源的调节收入分配职能，有效解决农业用水计量不健全、水价测算方法不科学等问题。

8.1.5　构建不同行业间（同行业内不同用水户间）水权交易技术应用模式

（1）充分考虑现状及未来县域内城镇和农村生活需水量和生态环境需水量，政府预留水量主要用于水资源应急调度。考虑到工业用水保证率较高，在水权确权过程中，按照工业现状用水量对其水权进行确认。农业水权在确权过程中考虑来水条件、可用水总量等因素，确定的是亩均耕地可用水量，根据灌溉经验，基本能够保证农作物用水需求。

（2）按照对法定灌溉面积进行配置水权、计划外发展的灌溉面积不配置水权的原则，明确政府在水资源配置中的导向，依法保障合法耕地用水权益，坚决杜绝开荒土地的不合理用水需求，如此可有效避免农业用水无序增长导致存量指标互相挤压以至区域水资源用水结构严重不协调。明晰水权在行业间的初始权属，为水资源的市场调节提供了最基本条件，通过水资源确权和流转，盘活用水指标存量，为新上用水项目开辟新的指标通道。

（3）创新后的水权制度使得用水者的用水收益与水资源利用率密切相关，节约的水资源可以为用水者带来显著的收益，那么用水者就会有很强的节水意识，想办法提高水资源的利用效率，提高了水资源管理收益。

（4）在新的水权制度下，用水户有了十分明确的水权，如果上游用水者在用水中产生的污染对下游的用水者产生了负面影响，下游用水者为了保护自己的水权免受影响，就会采用相关的政策手段取得补偿，提高水资源承载能力，从而改善水环境。

8.2　展望

近年来，我国在水权改革方面开展了积极探索，通过推进江河水量分配、加强取水许可管理、组织开展水权试点、组建水权交易平台、培育水权交易市场等，在明晰用水权、推进用水权方面取得了一定进展和成效，但总体看当前水权改革仍处于探索阶段。黑龙江省自 2016 年开始，逐年开展水权试点工作，探索明晰用水权和用水权交易的方法和途径，积累了一定的经验和成效。目前，关于水权改革工作和用水权的相关研究缺乏与"三条红线"用水总量控制指标确定、江河水量分配、地下水管控指标确定、水资源规范化管理、取用水专项整治行动、取水口监测计量等工作的衔接，导致工作经验和研究成果仅局限在水权领域，不能被水资源管理等充分应用，严重制约了水权改革发展的宽度和广度。在后续的水权改革工作和科学研究中，要充分考虑研究成果转化与相关工作的衔接，充分发挥水资源刚性约束作用，真正实现用水权明晰和用水权交易成果对水资源管理和水资源优化配置的指导和支撑。

参 考 文 献

［1］ 裴丽萍. 水权制度初论[J].中国法学，2001 (2)：91－102.

［2］ 沈满洪，陈锋. 我国水权理论研究述评[J].浙江社会科学，2002 (5)：173－178.

［3］ 王浩，王干. 水权理论及实践问题浅析[J].行政与法（吉林省行政学院学报），2004 (6)：89－91.

［4］ 傅春，胡振鹏，杨志峰，等. 水权、水权转让与南水北调工程基金的设想[J].中国水利，2001 (2)：5，29－30.

［5］ 刘斌. 关于水权的概念辨析[J].中国水利，2003 (1)：32－33.

［6］ 关涛. 民法中的水权制度[J].烟台大学学报（哲学社会科学版），2002 (4)：389－396.

［7］ 李燕玲. 国外水权交易制度对我国的借鉴价值[J].水土保持科技情报，2003 (4)：12－15.

［8］ 姜文来. 水权及其作用探讨[J].中国水利，2000 (12)：4，13－14.

［9］ 冯尚友. 水资源持续利用与管理导论[M].北京：科学出版社，2000.

［10］ 石玉柱. 关于水权与水市场的几点认识[J].中国水利，2001 (2)：31－32，5.

［11］ 张范. 从产权角度看水资源优化配置[J].中国水利，2001 (6)：38－39.

［12］ 马晓强. 水权与水权的界定[J].南京行政学院学报，2002 (1)：37－41.

［13］ 张郁. 南水北调中水权交易市场的构建[J].水利发展研究，2002 (3)：4－7.

［14］ 陈金木，吴强. 水权改革与水利法治之思[M].北京：北京大学出版社，2017.

［15］ 张仁田，鞠茂森，等. 澳大利亚的水改革、水市场和水权交易[J].水利水电科技进展，2001，21 (2)：65－68.

［16］ 曹永潇，方国华. 黄河流域水权分配体系研究[J].人民黄河，2008，30 (5)：6－7，11.

［17］ 李晶，宋守度，姜斌，等. 水权与水价——国外经验研究与中国改革方向探讨[M].北京：中国发展出版社，2003.

［18］ 王浩，党连文，谢新民，等. 流域初始水权分配理论与实践[M].北京：中国水利水电出版社，2008.

［19］ YOOJ，SIMONITAS，CONNORS J P，et al. The value of agricultural water rights in agricultural properties in the path of development [J]. Ecological Economics，2013 (91)：57－68.

［20］ 常迪，齐学斌，黄仲冬. 区域农业灌溉用水量预测研究进展[J].中国农学通报，2017，33 (31)：1－5.

［21］ 刘颖. 灌区渠系优化配水模型建立与求解[J].人民黄河，2014，36 (6)：107－109.

［22］ 刘照，华庆伟，张成才，等. 基于RS、GIS及智能算法的渠系优化配水[J].西北农林科技大学学报（自然科学版），2017，45 (04)：213－222，229.

[23] 孔祥铭，郝振达，曾雪婷，等. 基于模糊条件风险价值的水资源系统规划模型[J]. 人民黄河，2016，38（2）：51－55，58.

[24] 崔亮，李永平，黄国和，等. 漳卫南灌区农业水资源优化配置研究[J]. 2016，14（2）：70－74，135.

[25] 李铁男，董鹤，徐柳娟，等. 基于层次分析法的五常市水权分配模型研究[J]. 节水灌溉，2017（12）：81－84，93.

[26] 张丽娜，朱玮，于倩雯. 基于可变模糊集的区域节水灌溉发展水平评价研究[J]. 节水灌溉，2018（5）：63－66，69.

[27] 岳琼，郭萍，王友芝，等. 基于区间两阶段模糊可信性约束模型的灌区水资源配置[J]. 农业机械学报，2019，50（4）：228－235.

[28] 姜文来. 水资源价值论[M]. 北京：科学出版社，1998.

[29] WOEDEM AIDAMP. The impact of water－pricing policy on the demand for water resources by farmers in Ghana [J]. Agricultural Water Management，2015（158）：10－16.

[30] 田贵良. 我国水价改革的历程、演变与发展——纪念价格改革40周年[J]. 价格理论与实践，2018（11）：5－10.

[31] 冯欣，姜文来，刘洋. 农业水价利益相关者定量排序研究[J]. 中国农业资源与区划，2019，40（3），173－180，187.

[32] WANG MUL，et al. Assessing the impact of water price reform on farmers' willingness to pay for agricultural water in northwest China.［J］Sensors ＆ Actuators：B. Chemical. Journal of Cleaner Production，2019（234）：1072－1081.

[33] 李铁男，董鹤，陈娜. 黑龙江省农业水权转换价格测算与分析——以庆安县为例[J]. 水利发展研究，2019，19（6）：13－19.

[34] DONOG，GIRALDOL，SEVERINIS. Pricing of irrigation water under alternative charging methods：Possible shortcomings of a volumetric approach [J]. Agricultural Water Management，2010，97（11）：1795－1805.

[35] 许学强，李华. 讨论新形势下农业水价改革[G]. 中国水利学会2010学术年会论文集（上册），2010：545－551.

[36] KAMPAS A，PETSAKOS A，ROZAKIS S. Price induced irrigation water saving：Unraveling conflicts and synergies between European agricultural and water policies for a Greek Water District [J]. Agricultural Systems，2012（112）：28－38

[37] 陈仲江. 亮子河水库灌区农业供水价格测算[J]. 黑龙江水利科技，2018，46（8）：129－131.

[38] 张向达，朱帅. 基于技术效率及影子价格的农业灌溉弹性需水研究——以黑龙江省为例[J]. 地理科学，2018，38（7）：1165－1173.

[39] 刘维哲，王西琴，张馨月. 关中地区灌溉水经济价值与水价上涨空间研究[J]. 中国物价，2018（8）：23－25，29.

[40] 毛春梅，农业水价改革与节水效果的关系分析[J]. 中国农村水利水电 2005（4）：2－4.

[41] 曾雪婷，李永平. 我国差别化水资源费调整机制研究[J]. 中国水利，2013（16）：

47 -49.

[42] 曾雪婷，冯杰，李永平. 水资源差别化定价方法及应用[J]. 水电能源科学，2014，32 (1):149 - 152.

[43] CORTIGNANI R，DONO G，et al. Recovering the costs of irrigation water with different pricing methods：Insights from a Mediterranean case study [J]. Agricultural Water ManagementVolume，2018 (199)：148 - 156.

[44] BALALI H，KHALILIAN S，VIAGGI D，et al. Groundwater balance and conservation under different water pricing and agricultural policy scenarios：A case study of the Hamadan - Bahar plain [J]. Ecological EconomicsVolume 70，2011 (515)：863 - 872.

[45] 杨孟豪，曹连海，赵丹. 动态多目标农业水价制定模式研究[J]. 人民黄河 2018，40 (10):155 - 159.

[46] 胡继连，王秀鹃. 农业"节水成本定价"假说与水价改革政策建议[J]. 农业经济问题，2018 (1)：120 - 126.

[47] MOMENI M，ZAKERI Z，ESFANDIARI M，et al. Comparative analysis of agricultural water pricing between Azarbaijan Provinces in Iran and the state of California in the US：A hydro - economic approach [J]. Agricultural Water Management，2019 (223)：105 -724.

[48] 孙建光，韩桂兰. 塔里木河流域可转让农用水权分配价格研究[J]. 节水灌溉，2015 (2):81 - 84，88.

[49] 张建岭，窦明，赵培培，等. 基于节水增效目标的河南省南水北调受水区水权交易模型[J]. 中国农村水利水电，2017 (10)：158 - 162，168.

[50] WANG Y B，LIU D，CAO X C，et al. Agricultural water rights trading and virtual water exportcompensation coupling model：A case study of an irrigation district in China [J]. Agricultural Water Management，2017 (180)：99 - 106.

[51] 杨文光，朱美玲，顾雪微. 基于农户视角的农业可交易水权转让价格及杠杆作用分析[J]. 节水灌溉，2018 (01)：95 - 97，102.

[52] 吴丹，马超. 基于水权初始配置的区域利益博弈与优化模型[J]. 人民黄河 2018，40 (1):40 - 45，55.

[53] 夏帆，李宝玉，曹连海，等. 基于作物生产水足迹的农业灌溉水价研究[J]. 中国农村水利水电，2019 (1)：92 - 96.

[54] WU D，WU F，CHEN Y. Principal - subordinate hierarchical multi - objective programming model of initial water rights allocation [J]. Water Science and Engineering，2009，2 (2):105 - 116.

[55] 黑龙江省水利厅. 黑龙江省水资源公报[Z]. 哈尔滨：黑龙江省水利厅，2017.

[56] 卓汉文，王卫民，宋实，等. 农民对农业水价承受能力研究[J]. 中国农村水利水电，2005 (11)：1 - 5.

[57] 龚春霞. 优化配置农业水权的路径分析——以个体农户和农村集体的比较分析为视角[J]. 思想战线，2018，44 (4)：108 - 116.

[58] 肖雪，王修贵，谭丹. 渠道衬砌对灌溉水利用系数的影响[J].灌溉排水学报，2018，37（9）56－61.

[59] 伊璇，金海，胡文俊. 国外水权制度多维度对比分析及启示[J].中国水利，2020（5）：40－43，11.

[60] 农业农村部软科学课题组. 美澳日水权制度与水权交易的经验启示[J].农村工作通讯，2018（7）：59－62.

[61] 金海，姜斌，夏朋. 澳大利亚水权市场改革及启示[J].水利发展研究，2014，14（3）：78－81.

[62] 吴强，陈金木，王晓娟，等. 我国水权试点经验总结与深化建议[J].中国水利，2018（19）:9－14，69.

[63] 柳长顺，杜丽娟，张春玲. 灌溉用水权确权到户有关问题的思考[J].水利经济，2019，37（4）：17－19，75－76.

[64] 田贵良，丁月梅. 水资源权属管理改革形势下水权确权登记制度研究[J].中国人口·资源与环境，2016，26（11）：90－97.

[65] 商放泽，韩京成，黄跃飞，等. 基于流域的县级单元河流水权确权分配[J].南水北调与水利科技，2019，17（5）：1－10，43.

[66] 谭金莉. 宁夏引黄灌区农业水资源确权模型及其制度研究[D].银川：宁夏大学，2016.

[67] 慕丹丹. 中卫市水权确权方案及其应用研究[D].银川：宁夏大学，2017.

[68] 马素英，孙梅英，付银环，等. 河北省水权确权方法研究与实践探索[J].南水北调与水利科技，2019，17（4）：94－103.

[69] 代小平，仵峰，张亮，等. 灌区农业水权分配存在的问题及对策探讨[J].华北水利水电大学学报（自然科学版），2018，39（3）：68－72.

[70] 张戈跃. 试论我国水权制度之完善[J].广西政法管理干部学院学报，2018，33（4）：26－29.

[71] 倪红珍，赵晶，陈根发. 可交易水权界定的理论基础及实证研究[J].中国水利，2018（19）:31－35.

[72] 林凌，刘世庆，巨栋，等. 中国水权改革和水权制度建设方向和任务[J].开发研究，2016（1）：1－6.

[73] 王晓娟，郑国楠，陈金木. 我国水权交易两级市场的培育与构建[J].中国水利，2018（19）:20－23.

[74] 王鑫，左其亭，韩春辉. 面向水安全保障的水市场构建[J].华北水利水电大学学报（社会科学版），2017，33（4）：12－16.

[75] 宋玮，李凯，吕淑英. 宁津县长官镇水权水市场建设的调查与思考[J].海河水利，2018（6）：14－16.

[76] 王丙毅，郭文娟. 山东水权水市场制度建设的经验、问题与对策[J].聊城大学学报（社会科学版），2017（4）：114－120.

[77] 黄锡生，黄金平. 水权交易理论研究[J].重庆大学学报（社会科学版），2005（1）：

111 - 114.

[78] 李维明，谷树忠. 我国水权交易基础条件及其建设[J].中国发展观察，2019（Z1）：80 - 83.

[79] 李铁男，董鹤，张守杰，等. 黑龙江省水权试点综述[J].水利科学与寒区工程，2018，1（12）：88 - 91.

[80] 周口，李洪任，梁秀. 江西省水权交易现状及相关问题的思考[J].江西水利科技，2017，43（4）：297 - 301.

[81] 伏绍宏，张义佼. 对我国水权交易机制的思考[J].社会科学研究，2017（5）：96 -102.

[82] 国务院发展研究中心—世界银行"中国水治理研究"课题组，谷树忠，李维明，李晶. 我国水权改革进展与对策建议[J].发展研究，2018（6）：4 - 8.

[83] 田贵良，周慧. 效率与公平视角的水权交易监督管理构成要素与制度框架[J].水利经济，2017，35（4）：28 - 33，76.

[84] 姜翔程，周迅，宋夏阳. 我国城市水价定价方法研究进展[J].河海大学学报（哲学社会科学版），2013，15（3）：51 - 55，92.

[85] 黄秋洪. 南水北调工程水价新论[J].价格理论与实践，2002（3）：19 - 20.

[86] 张超. 工程供水边际成本定价分析[J].人民黄河，2007（11）：8 - 9.

[87] 秦长海. 水资源定价理论与方法研究[D].北京：中国水利水电科学研究院，2013.

[88] 耿吉第. 影子价格的经济含义及其应用[J].数量经济技术经济研究，1994（6）：70 -73.

[89] 何承耕，林忠，陈传明，等. 自然资源定价主要理论模型探析[J].福建地理，2002（3）:1 - 5，10.

[90] 黄涛珍，张忠. 水权交易的第三方效应及对策研究——以东阳义乌水权交易为例[J].中国农村水利水电，2017（4）：129 - 132，136.

[91] 黄楠，郭翔宇，颜华，等. 政府定价机制下黑龙江省农户灌溉行为的负外部性分析[J].中国农学通报，2013，29（5）：127 - 131.

[92] 赵惠君. 利用经济手段优化配置和高效使用水资源谈水权、水市场和水价问题[J].长江工程职业技术学院学报，2005（4）：1 - 4.

[93] 倪红珍，王浩，汪党献. 经济社会与生态环境竞争用水的供求均衡水价研究[J].水利发展研究，2007（7）：15 - 18.

[94] 米雪薇，郑梦沂，刘黎明. 北京市城镇居民水价研究[J].调研世界，2019（2）：36 -42.

[95] 王晓贞，张建平. 河北省工业水价承受能力分析[J].城镇供水，2008（1）：87 - 90.

[96] 杜丽娟，柳长顺. 农民灌溉水费承受能力测算初步研究[J].水利水电技术，2011，42（6）:59 - 62，71.

[97] G LEICK P H. 世界之水［M］. 左强，林启美，等译. 北京：中国农业大学出版社，2000.

[98] 郭晗，任保平. 基于 AIDS 模型的中国城乡消费偏好差异分析[J].中国经济问题，2012（5）：45 - 51.

[99] 李铁男，董鹤，陈娜，等. 黑龙江省农业水权转换价格测算与分析——以庆安县为例[J].水利发展研究，2019，19（6）：13 - 19.